Edited by

Danuta Jadamus-Niebrój

Anna Gawęda

Aktualne problemy w pielęgniarstwie pediatrycznym

Current Issues in Pediatric Nursing

2014

© 2013 by Danuta Jadamus Niebrój & Anna Gawęda

Reviewers:

Irena Caus Ph.D.

Justyna Glik Ph.D.

Spis treści

Wprowadzenie. *(Danuta Jadamus-Niebrój, Anna Gawęda)*

Zasady opieki pielęgniarskiej nad noworodkami chorymi na posocznicę. *(Iwona Borkiewicz)*

Standardy obowiązujące w opiece pielęgniarskiej nad dzieckiem z żółtaczką okresu noworodkowego. *(Izabela Fryla)*

Główne etapy procesu pielęgnacyjnego w opiece nad dzieckiem po urazie komunikacyjnym. *(Agnieszka Markowska)*

Urazy wypadkowe i niewypadkowe u dzieci. Rola i zadania pielęgniarki w edukacji dzieci i rodziców na temat profilaktyki zagrożeń urazami. *(Alicja Mazur)*

Rola pielęgniarki w opiece nad dzieckiem z krwawieniem z górnego odcinka przewodu pokarmowego. *(Anna Męcik)*

Rola pielęgniarki w opiece nad dzieckiem z płodowym zespołem alkoholowym. *(Justyna Misiewicz)*

Odleżyny – powstanie, leczenie, pielęgnacja. *(Aleksandra Mrowiec)*

Rola pielęgniarki w opiece nad dzieckiem z zapaleniem opon mózgowo-rdzeniowych i mózgu - wybrane aspekty opieki, cz.1. *(Urszula Rola)*

Rola pielęgniarki w opiece nad dzieckiem z zapaleniem opon mózgowo-rdzeniowych i mózgu - wybrane aspekty opieki, cz.2. *(Urszula Rola)*

Udział pielęgniarki w żywieniu enteralnym u dzieci z zaburzeniami ośrodkowego układu nerwowego. *(Małgorzata Styczeń)*

Hipoterapia jako forma rehabilitacji u dzieci z mózgowym porażeniem dziecięcym. *(Brygida Wojtasik)*

Edukacyjno wychowawcza rola pielęgniarki w opiece nad dzieckiem chorym na białaczkę. *(Halina Zając)*

Wprowadzenie

Danuta Jadamus-Niebrój, Anna Gawęda

Pielęgniarstwo jest dziedziną, która nieustannie się rozwija, co pociąga za sobą konieczność ustawicznego dokształcania się i pogłębiania zdobytej wiedzy. Celem działań pielęgniarki jest zapewnienie kompleksowej i profesjonalnej opieki pielęgniarskiej.

Pielęgniarstwo pediatryczne jest wyjątkowe – bo i pacjent jest wyjątkowy. Odrębności funkcjonowania organizmu dziecka pociągają za sobą niejednokrotnie odmienność opieki pielęgniarskiej, a właściwe postępowanie pielęgniarskie wymaga odpowiedniego przygotowania. Urazy, oparzenia, schorzenia wrodzone, choroby wieku dziecięcego, nowotwory – ogrom zagadnień i ogrom wiedzy oraz umiejętności jakie trzeba opanować, aby spełnić dobrze swoją rolę.

Prezentowane w niniejszej książce zagadnienia wskazują na różnorodność problemów zdrowotnych występujących w medycynie wieku rozwojowego. Autorki poszczególnych artykułów podkreślają odmienność opieki pielęgniarskiej w różnych okresach życia dziecka począwszy od okresu noworodkowego, poprzez wczesne dzieciństwo, na okresie młodzieńczym kończąc. Inne są bowiem oczekiwania i wymagania wobec personelu pielęgniarskiego zajmującego się opieką nad krytycznie chorym noworodkiem, a inne wobec dziecka z chorobą nowotworową.

Poza wykonywaniem typowych czynności wchodzących w zakres opieki pielęgniarskiej pielęgniarka pediatryczna jest również wsparciem, opiekunką, a czasem nawet zastępczym rodzicem w sytuacji gdy rzeczywistość nie pozwala rodzicom dziecka na pozostanie z nim przez całą dobę w szpitalu. Służy pomocą i wsparciem nie tylko dziecku, ale i jego rodzicom/opiekunom często zagubionym czy przestraszonym stanem swojego dziecka.

Na uwagę zasługuje edukacyjno – wychowawcza rola pielęgniarki w kształtowaniu prawidłowych postaw zdrowotnych w grupie najmłodszych pacjentów. Pamiętać bowiem należy, że to właśnie w tej grupie pacjentów winno się kształtować umiejętność prowadzenia zdrowego stylu życia, zdobywania wiedzy o zdrowiu i rozwijania własnych zainteresowań. To wymaga od personelu medycznego nieustającego pogłębiania swojej wiedzy i nabycia doświadczenia, aby w pełni realizować proces wychowania zdrowotnego wśród dzieci i młodzieży.

Zasady opieki pielęgniarskiej nad noworodkami chorymi na posocznicę

Iwona Borkiewicz

Zakażenia są problemem szpitali na całym świecie i stanowią zagrożenie dla zdrowia i życia pacjentów oraz personelu medycznego. Według statystyk WHO 30 - 40% zgonów noworodków w pierwszych czterech tygodniach życia spowodowanych jest zakażeniem [4].

Najcięższą postacią zakażenia jest posocznica, która ma piorunujący przebieg i w ogromnej większości przypadków kończy się zgonem [1].

Noworodki, a w szczególności wcześniaki są narażone na zakażenia. Dzieci przedwcześnie urodzone mają niedojrzały układ odpornościowy, nieprzystosowany do zwalczania niebezpiecznych drobnoustrojów znajdujących się zarówno w środowisku szpitalnym, jak i pozaszpitalnym.

Dlatego czujność personelu medycznego, jego profesjonalizm oraz przestrzeganie rygoru sanitarnego mogą przyczynić się do uratowania życia wielu noworodków Pielęgniarka mająca bezpośredni kontakt z noworodkiem np.: podczas czynności pielęgnacyjnych, jest pierwszą osobą, która może zaobserwować niepokojące objawy. Szybka interwencja i wczesne rozpoznanie posocznicy oraz zapewnienie dziecku odpowiedniej opieki mają korzystny wpływ na dalszy przebieg choroby, leczenie i rokowanie.

Neonatologia to nauka o noworodku, zajmująca się zagadnieniami związanymi z fizjologią i patologią okresu noworodkowego. Okres ten jest czasem umownym z uwagi na odmienności fizjologii nowo narodzonego dziecka i stanowi czas od urodzenia do ukończenia 28 dnia życia. W tym krótkim czasie następuje adaptacja organizmu dziecka do życia poza łonem matki [3,5].

Pierwsze chwile po urodzeniu są okresem decydującym o jakości zdrowia, późniejszego rozwoju i życia człowieka. Po urodzeniu noworodek traci komfortowe środowisko wewnątrzmaciczne, gdzie panuje optymalna temperatura, wymiana gazowa i metaboliczna [9].

Pielęgnacja noworodka obejmująca swoim zakresem dbałość o każdy istotny element życia – skórę, układ oddechowy, układ pokarmowy i odżywianie, komfort cieplny oraz inne układy i narządy, jest czymś niezwykle ważnym w leczeniu chorego dziecka. Najbardziej nowoczesne metody terapeutyczne nie przyniosą pożądanego efektu, jeśli nie zostaną właściwie przeprowadzone zabiegi pielęgnacyjne.

Współczesna opieka i pielęgnacja to nie tylko dbałość o szereg czynności manualnych wykonywanych przy dziecku, ale także dbałość o komfort, spokój, eliminowanie szkodliwych czynników (światła, hałasu, bólu), jak również promowanie pozytywnych zachowań względem małego pacjenta. Podstawą opieki zdrowotnej nad noworodkiem jest przewidywanie, prawidłowa diagnostyka i ewentualne leczenie od pierwszych minut życia. Zapobiega to ciężkim procesom chorobowym, których przebieg jest często gwałtowny i może szybko doprowadzić do stanu zagrożenia życia. Specyfika ustroju noworodka wymaga bardzo szybkiego i kompetentnego działania, uwarunkowanego przygotowaną kadrą, odpowiednią organizacją i wyposażeniem oddziału.

Stan kliniczny noworodka ocenia się bezpośrednio po urodzeniu na sali porodowej za pomocą skali Apgar. Umożliwia to ocenę funkcji układu sercowo-naczyniowego, oddechowego oraz ośrodkowego układu nerwowego. Skalę Apgar ustala się zwykle w 1, 5 i 10 minucie po porodzie. Ocena w pierwszej minucie życia pozwala zidentyfikować noworodki wymagające bezpośredniej pomocy.

Aby ocenić rokowanie dziecka ważniejsza jest ocena jego stanu klinicznego dokonana w 5 i 10 minucie, kiedy można wychwycić objawy przedłużającego się niedotlenienia. Celem oceny jest określenie prawidłowości przebiegu adaptacji noworodka, wykrycie wad wrodzonych i wykluczenie uszkodzeń poporodowych [1,12].

Poznanie budowy i fizjologii organizmu noworodka jest niezbędne dla zrozumienia patogenezy oraz odrębności przebiegu chorób. Organizm noworodka różni się swą budową od organizmu człowieka dorosłego i nie jest jego miniaturą. Różnice dotyczą również samych noworodków, biorąc pod uwagę, czy jest to noworodek donoszony, czy wcześniak.

Okres noworodkowy charakteryzuje się bardzo złożonymi procesami adaptacji do zmienionych warunków życia po porodzie. Szczególną rolę odgrywają tu niedojrzałe i chwiejne w momencie porodu, dojrzewające stopniowo mechanizmy odporności. Odporność noworodka naśladuje kliniczny stan niedoboru odporności, co sprzyja powstawaniu infekcji.

Na jakość działania układu odpornościowego po urodzeniu wpływa wiele czynników, w tym:

- stan zdrowia matki,
- zaburzenia dojrzewania wewnątrzmacicznego płodu,
- sposób rozwiązania ciąży,
- czynniki zagrożenia infekcją [7].

Układ odpornościowy powstał po to, aby w kooperacji z układem nerwowym i endokrynnym chronić organizm przed patogenami. W skład układu odpornościowego wchodzą narządy limfatyczne, dzielące się na centralne i obwodowe oraz komórki. Centralne to grasica, szpik kostny, a obwodowe to węzły limfatyczne, śledziona, migdałki. Stan układu odpornościowego nowonarodzonych dzieci określa się jako anatomicznie dojrzały, lecz wykazujący czynnościową niedojrzałość [9]. Zmiany dotyczą odporności komórkowej i humoralnej. W najgorszej sytuacji są wcześniaki, których odporność jest nie w pełni wykształcona, a zdolność do walki z infekcjami jest ograniczona, z powodu niedoboru immunoglobulin.

Infekcje noworodków nadal stanowią pierwszoplanowy problem kliniczny oraz jedną z głównych przyczyn umieralności obok niedotlenienia okołoporodowego i wcześniactwa [6].

Zakażenia wywoływane są przez bakterie, wirusy, grzyby lub niewirusowe wewnątrzkomórkowe mikroorganizmy [5,6].

Zakażenia okresu noworodkowego charakteryzuje ciężki przebieg oraz duża skłonność do uogólniania procesu chorobowego.

Wynikiem tego jest sekwencja zaburzeń powstałych na skutek zakażenia:

- bakteriemia – obecność żywych bakterii we krwi potwierdzona wynikiem posiewu,
- posocznica – bakteriemia, której towarzyszą objawy systemowej odpowiedzi na zakażenie,

- wstrząs septyczny – posocznica z objawami zmniejszonej perfuzji tkanek i wtórnymi zaburzeniami metabolizmu,
- uogólniona reakcja zapalna (SIRS) – odpowiedź na ciężkie zaburzenia homeostazy:
    - uszkodzenie wielonarządowe – wstrząs septyczny przebiegający z objawami wykrzepiania wewnątrznaczyniowego (DIC), ostrej niewydolności oddechowej (ARDS), ostrej niewydolności nerek i wątroby oraz z zaburzeniami czynności ośrodkowego układu nerwowego [5].

Biorąc pod uwagę czas wystąpienia pierwszych objawów klinicznych, zakażenia można podzielić następująco:

- wrodzone – do zakażenia doszło podczas trwania ciąży,
- nabyte wczesne okołoporodowe – do zakażenia doszło przed porodem lub w trakcie trwanie porodu,
- zakażenia szpitalne - objawy występują po 5 dobie życia (po 48 h pobytu w szpitalu),
- zakażenia nabyte w domu – objawy występują po 48 h pobytu w domu.

Patogenny mogą przenosić się bezpośrednio przez kontakt personelu z noworodkami, pośrednio przez krew, wydzieliny, drogą powietrzną lub pokarmową. W ten sposób następuje zakażenie egzogenne.

Jeśli do zakażenia doszło własną florą bakteryjną ze skóry lub przewodu pokarmowego, mówimy o zakażeniu endogennym [2,7,8].

Posocznica (z greckiego sepsis) to odpowiedź organizmu na obecność bakterii we krwi. Objawia się zespołem układowej reakcji zapalnej (SIRS) [2].

Jest ciężkim uogólnionym zakażeniem krwi z występowaniem zmian zapalnych i zaburzeń czynnościowych w wielu narządach i układach.

Etiologia zakażeń i posocznic u noworodków zmienia się w czasie, zależy od kraju, regionu, szpitala, a nawet oddziału. Noworodek rodzi się jałowy, następnie kolonizuje się drobnoustrojami ze środowiska, w którym przebywa. Jeżeli wymaga dłuższego pobytu w szpitalu jego skóra i błony śluzowe zasiedlają się florą szpitalną.

Głównym czynnikiem wywołującym zmiany patofizjologiczne w organizmie noworodka jest zakażenie bakteryjne.

Antybiotykoterapia oraz inwazyjne zabiegi sprzyjają zakażeniom wywołanym przez drożdżaki Candida. Wywołują zakażenia błon śluzowych jamy ustnej, odbytu, zakażenia krwi, zapalenia opon mózgowo – rdzeniowych.

Do czynników etiologicznych zakażeń u noworodków można zaliczyć również wirusy szerzące się drogami: oddechową, pokarmową lub drogą krwi [2].

Wczesne rozpoznanie zakażeń bakteryjnych stanowi nadal ważny problem w patologii okresu noworodkowego. Początkowe objawy kliniczne mogą być skryte i niespecyficzne, bez wzrostu ciepłoty ciała i leukocytozy [2].

Najczęstszymi kryteriami rozpoznania posocznicy u noworodka są nieprawidłowości w wynikach badań klinicznych i laboratoryjnych. Ważny jest wywiad ciążowy i okołoporodowy oraz zdiagnozowanie istniejących już chorób jak: wady serca, wrodzone wady metabolizmu, zespół zaburzeń oddychania, odma opłucnowa i wiele innych. Występowanie tych stanów klinicznych u noworodka z posocznicą może utrudniać zdiagnozowanie choroby.

Postępowanie lecznicze w posocznicy jest wielokierunkowe.

Do najważniejszych celów terapeutycznych zaliczamy: wypełnienie łożyska naczyniowego, by uzyskać optymalny stopień utlenowania i perfuzji, eliminację czynnika zakaźnego i leczenie stanu zapalnego, wyrównanie zaburzeń metabolicznych, koagulologicznych, immunoterapię, zastosowanie leków o działaniu antycytokinowym, zastosowanie terapii oddechowej [1,11].

Stosując leczenie przyczynowe ważną rzeczą jest jak najszybsze wprowadzenie antybiotykoterapii, nawet przed uzyskaniem wyników posiewu krwi.

Noworodki przebywające na oddziałach intensywnej terapii z powodu zakażenia wymagają szczególnej opieki i troski. Pielęgnacja powinna być staranna i rzetelna, oparta na najlepszych metodach pielęgnacyjnych. Pielęgniarki pracujące na tych oddziałach powinny cechować się cierpliwością, delikatnością, wiedzą i doświadczeniem oraz wrażliwością na problemy małego pacjenta. Aby je móc zdefiniować należy wziąć pod uwagę sfery: biologiczną, psychiczną, społeczną, a nawet duchową, które składają się na całość istoty ludzkiej [12]. Na podstawie przeprowadzonego wywiadu, obserwacji, badania fizykalnego oraz po analizie dokumentów pielęgniarka może postawić diagnozę pielęgniarską i ustalić plan działania.

Środowisko szpitalne nie zalicza się do komfortowych warunków dla noworodka. Jest on narażony na cały szereg nieprzyjemnych bodźców: słuchowych, wzrokowych, czuciowych i bardzo często bólowych. Im bardziej chory noworodek, tym wymaga większej liczby badań, dotyku, obserwacji, a to nie sprzyja szybkiemu powrotowi do zdrowia.

Dlatego jak najmniejsza ingerencja w środowisko noworodka ma ogromne znaczenie w pierwszych dniach życia, gdy następuje stabilizacja funkcji życiowych, ryzyko powikłań jest jeszcze duże. Zasada minimalnej pielęgnacji (minimal handling) obejmuje szereg czynności, których celem jest zapewnienie wcześniakowi, noworodkowi jak najlepszych, komfortowych warunków leczenia i rozwoju. Jest to próba przybliżenia środowiska szpitalnego do naturalnych warunków rozwoju (środowisko wewnątrzmaciczne), które charakteryzuje: cisza, stała temperatura, zaciemnienie, brak odczuć bólowych, cykl czuwania i snu [13].

Minimalna pielęgnacja polega na jak najmniejszej ingerencji. Oznacza to dostosowanie wszystkich koniecznych działań, interwencji pielęgniarskich do potrzeb chorego noworodka z maksymalnym wykorzystaniem postępów nauki, medycyny i techniki.

Według założeń Human - Neonatal Care Initiatives głównymi zasadami minimalnej pielęgnacji są:

- maksimum kontaktu pomiędzy dzieckiem a matką,
- minimum kontaktu pomiędzy personelem, a chorym noworodkiem,
- minimum niezbędnych badań, testów, terapii.

Biorąc pod uwagę noworodka chorego na posocznicę problem pielęgnacyjny będzie wynikał z możliwości rozprzestrzeniania się choroby.

Planowane działania pielęgniarskie:

- objęcie noworodka izolacją, zapewnienie osobnej sali, boksu,
- mycie i dezynfekcja rąk osób stykającym się z dzieckiem,
- stosowanie odzieży ochronnej (jednorazowe rękawiczki, sterylne podczas zabiegów aseptycznych, maski ochronne na twarz, gdy istnieje ryzyko rozpryśnięcia krwi, płynów ustrojowych, okulary, gogle),
- używanie sterylnego sprzętu,
- dezynfekcja narzędzi, sprzętu,
- sprzątanie sali wykonywać zgodnie z zasadą zapobiegania rozprzestrzenianiu się drobnoustrojów.

Posocznica w początkowej fazie często objawia się zaburzeniami termoregulacji. Problem pielęgnacyjny stanowi wówczas utrzymująca się hipotermia lub gorączka. Konsekwencje oziębienia dla noworodków są bardzo poważne. Hipotermia może być przyczyną zaburzeń oddychania, kwasicy metabolicznej, może wywołać hiperglikemię, zwiększa ryzyko wylewów śródczaszkowych [10].

Mając na uwadze, że konsekwencje hipotermii są niebezpieczne i często nieodwracalne należy zapobiegać utracie ciepła i jednocześnie powikłaniom z tym związanym.

Planowane działania pielęgniarskie:

- utrzymanie neutralnej temperatury i wilgotności otoczenia, zależnej od wieku, masy ciała i stanu klinicznego noworodka,
- wykonywanie czynności pielęgnacyjnych w sposób sprawny,
- pomiar ciepłoty ciała co 1h i odnotowanie tej czynności w dokumentacji,
- zastosowanie osłonek z materiału lub folii aluminiowej wokół promiennika, które odbijając światło z góry dodatkowo ogrzewają dziecko,
- ogrzanie środków do dezynfekcji skóry przed zabiegami,
- ogrzanie przedmiotów, które będą miały kontakt z dzieckiem – ubranka, sprzęt medyczny, środki do pielęgnacji,
- dotykanie noworodka ogrzanymi dłońmi,
- stosowanie ogrzanych leków i płynów infuzyjnych podawanych drogą dożylną,
- podawanie ogrzanego pokarmu,
- zapewnienie wysokiej wilgotności w inkubatorze powyżej 70 % (zmniejszenie strat energetycznych na drodze parowania),
- ogrzanie i nawilżenie mieszaniny gazów oddechowych.

Planowane działania pielęgniarskie podczas utrzymującej się gorączki podejmowane są w celu obniżenia ciepłoty ciała do wartości fizjologicznych i obejmują:

- stosowanie chłodnych okładów na głowę oraz na zgięcia (miejsca przebiegu dużych naczyń krwionośnych),
- nawadnianie organizmu wg zlecenia lekarza,
- zmiana bielizny osobistej i pościelowej,
- dbanie o higienę osobistą, nawilżanie ust,
- obniżenie temperatury w inkubatorze z utrzymaniem wilgotności powietrza w granicach 70 %,
- zapisywanie wyników mierzonej ciepłoty ciała,
- podanie środków przeciwgorączkowych na zlecenie lekarza.

Ważnymi objawami w przebiegu zakażenia u noworodków są objawy niewydolności oddechowej (bezdechy, postękiwanie, zaciąganie przestrzeni międzyżebrowych), które pielęgniarka może wychwycić podczas obserwacji i pielęgnacji noworodka. Nie można ich lekceważyć, gdyż dla noworodka stanowią zagrożenie życia. Problemem pielęgnacyjnym dla pielęgniarki opiekującej się dzieckiem będzie utrudnione oddychanie noworodka. Planowane czynności pielęgnacyjne będą miały na celu ułatwienie oddychania i zmniejszenie duszności poprzez działania:

- utrzymanie drożności dróg oddechowych – ułożenie noworodka na zwiniętej pieluszce z odchyleniem barków do tyłu, pozycja ta zapobiega przyginaniu głowy do klatki piersiowej,
- stałe monitorowanie parametrów: akcji serca, saturacji, oddechów, ciepłoty ciała, zabarwienia powłok skórnych,
- wykonywanie toalety dróg oddechowych w delikatny sposób,
- w przypadku pojawienia się bezdechu wykonanie delikatnej stymulacji poprzez dotyk, głaskanie,
- zastosowanie biernej tlenoterapii wg zleceń lekarza,
- zapewnienie optymalnej temperatury i wilgotności otoczenia.

W przebiegu posocznicy na skórze dziecka może pojawić się krwotoczna wysypka, wybroczyny z dużym prawdopodobieństwem wystąpienia krwawień z różnych układów: pokarmowego, oddechowego oraz wylewów do narządów wewnętrznych (mózg, nerki, trzustka). Z tych objawów wynikają problemy pielęgnacyjne u noworodka. Planując działania pielęgniarskie należy mieć na celu: szybkie wykrycie pogorszenia stanu zdrowia – rozprzestrzenianie się krwotocznej wysypki, likwidację lub zmniejszenie występujących zmian.

Postępowanie pielęgnacyjne obejmuje:

- obserwację postępu choroby – oglądanie wydalonego moczu, stolca, wydzieliny z nosa pod kątem obecności krwi,
- oglądanie i pomiar wybroczyn na skórze, wyniki udokumentować,
- stosowanie delikatnej pielęgnacji,
- stałe monitorowanie parametrów życiowych,
- utrzymanie skóry w czystości.

Należy obserwować także objawy ze strony układu nerwowego. Problem mogą stanowić drgawki, pobudliwość, drżenia. Za cel opieki można przyjąć zapewnienie bezpieczeństwa oraz szybką reakcję w przypadku wystąpienia objawów. Działania pielęgniarskie obejmują:

- monitorowanie parametrów życiowych,
- obserwację charakteru drgawek,
- uważną obserwację stanu świadomości,
- zapewnienie ciszy i spokoju,
- zapewnienie dostępu do tlenu,
- delikatną pielęgnację.

Problem pielęgnacyjny wynikający z objawów ze strony układu krążenia polega na możliwości wystąpienia obrzęków. Cel pielęgnacji obejmuje: zapobieganie powikłaniom i narastaniu obrzęków.

Planowane działania pielęgniarskie polegają na czynnościach:

- obserwowanie i pomiar obrzęków przez kontrolę masy ciała, pomiar obwodu obrzęków,
- prowadzenie bilansu płynów,
- dokładne mycie, osuszanie skóry w miejscu obrzęków,
- zachowanie ostrożności przy zmianie pozycji,

- obrzęknięte kończyny należy układać wyżej,
- stosowanie udogodnień oraz zmiana pozycji.

Pielęgnując noworodka z posocznicą należy również zwrócić uwagę na objawy ze strony układu pokarmowego. Problem mogą stanowić: ulewania, wymioty oraz wzdęcia brzucha. Dziecku należy zapewnić bezpieczeństwo podczas wymiotów oraz ułatwić wydalenie gazów stosując działania:

- bezpieczne ułożenie noworodka zapobiegające zachłyśnięciu,
- obserwowanie treści i ilości wymiocin,
- prowadzenie bilansu płynów,
- prowadzenie obserwacji w kierunku odwodnienia,
- zapewnienie spokoju,
- założenie suchej rurki doodbytniczej,
- obserwowanie perystaltyki jelit,
- kontrolowanie zalegania treści pokarmowej w żołądku,
- wykonanie delikatnego masażu brzuszka okrężnym ruchem,
- ułożenie dziecka na brzuszku jeśli stan kliniczny na to pozwala.

Pielęgniarka wykonując zaplanowane działania powinna ściśle współpracować z lekarzem. Do innych czynności wykonywanych przy dziecku należą: pobieranie materiałów do badań, podawanie leków wg standardów oraz ocena skuteczności wykonanych działań.

Istotnym czynnikiem u noworodka chorego na posocznicę jest pielęgnacja podczas sztucznej wentylacji. Wentylacja mechaniczna jest metodą leczenia obarczoną wysokim ryzykiem powikłań. Należą do nich uraz ciśnieniowy lub objętościowy, krwawienie z dróg oddechowych, odleżyny, otarcia, uszkodzenia nosa, zakażenie dróg oddechowych. Zabiegiem najczęściej wykonywanym jest toaleta dróg oddechowych, która ma na celu usunięcie zalegającej wydzieliny.

Zabieg ten należy wykonać w sposób delikatny, gdyż niewłaściwe, traumatyczne postępowanie może doprowadzić do uszkodzenia struktury i funkcji nabłonka rzęskowego dróg oddechowych, skurczu drzewa oskrzelowego, powstania ognisk niedodmy i rozdęcia płuc [11].

Umieszczenie cewnika zbyt głęboko może spowodować podrażnienie błony śluzowej dróg oddechowych. Może też spowodować pobudzenie nerwu błędnego i wywołać zaburzenia ze strony układu krążenia [12].

W celu uniknięcia niepożądanych skutków zabieg odsysania powinien być wykonany w sposób jałowy, w jak najkrótszym czasie. Optymalnym sposobem odsysania jest odsysanie w dwie osoby.

Celem opieki pielęgnacyjnej jest zapewnienie prawidłowej wentylacji oraz zapobieganie powikłaniom. Postępowanie pielęgnacyjne obejmuje:

- zapewnienie stałego nawilżenia i ogrzewania gazów oddechowych,
- okresowa kontrola parametrów respiratora,

zapewnienie prawidłowego położenia rurki zapobiegające przypadkowej ekstubacji (odpowiednie oklejenie rurki),

- stosowanie pozycji warunkującej prawidłową wentylację (uniesiona głowa i klatka piersiowa pod kątem 30 stopni lub pozycja na brzuszku),

- wykonywanie zabiegów fizykoterapeutycznych ułatwiających ewakuację wydzieliny w czasie odsysania (opukiwanie, wibracja),

- wykonanie procedury odsysania z natlenieniem przed i po odsysaniu,

- rozrzedzenie wydzieliny w drzewie oskrzelowym przez podaż do rurki intubacyjnej bezpośrednio przed odsysaniem 0,9% NaCl lub wodę destylowaną, w przypadku bardzo gęstej wydzieliny zastosowanie dotchawiczo leków rozrzedzających śluz,

- stosowanie właściwej głębokości położenia cewnika w drogach oddechowych,

- zapobieganie uszkodzeniom nosa (otarcia, odleżyny) poprzez oklejenie i ułożenie rurki w sposób nie powodujący ucisku skrzydełka lub przegrody nosa, zmiana rurki intubacyjnej do drugiego nozdrza co 7 dni.

Piśmiennictwo:

1. Borkowski W. Opieka pielęgniarska nad noworodkiem. Medycyna Praktyczna. Kraków 2007.
2. Godula-Stuglik U., Behrendt J., Mikusz G., Stojewska M., Kuhny D., Szirer G., Wójcik S. Etiologia i przebieg kliniczny posocznicy bakteryjnej u noworodków donoszonych. Zakażenia okresu noworodkowego. Postępy Neonatologii. 2002;supl 2: 91-97.
3. Haliday H., McClure., Reidl M., Intensywna terapia noworodka. α – medica press. Bielsko-Biała1999.
4. Kamińska E., Misiak H., Sosnowska K. Zapobieganie zakażeniom szpitalnym u noworodków i wcześniaków. IMiDz Warszawa 2002.
5. Koehler D., Marszał E., Świetliński J. Wybrane zagadnienia z pediatrii. Podręcznik dla studentów i lekarzy. ŚAM. Katowice 2002.
6. Kornaka M., Kornacka A., Szczapa J. Nowe leki w neonatologii- nowe nadzieje. Pediatria Polska 2005; 80(2): 111-115.
7. Lauterbach R. ABC zakażeń noworodka. Praktyczna Medycyna. Kraków 2001.
8. Luxner K. Pielęgniarstwo Pediatryczne Delmara Urban & Partner. Wrocław 2006.
9. Pietrzyk J. Posocznica i wstrząs u dzieci. Medycyna Praktyczna1998; (5): 10-16.
10. Radziszewska R., Knapczyk M., Kozioł J i in. Ocena przydatności oznaczania aktywności antytrombiny III i białka C w postępowaniu diagnostyczno-terapeutycznym posocznicy u noworodków. Postępy Neonatologii. 2004;(1)50-54.
11. Rokicka – Bulandra E., Bański W., Plutowska- Hoffman K., Wróblewska J., Bulandra A., Świetliński J. Hipotermia czynnikiem ryzyka zgonu noworodka urodzonego przedwcześnie. Postępy Neonatologii 2004;(1):74-78.
12. Tom-Revson C. Strategic use of antibiotics in the neonatal intensive care unit. J Perinat Neonatal Nurs. 2004;18(3):241-58.
13. Zdebski Z., Lauterbach R., Rytlewski K., Tomaszczyk J. Problemy współczesnej perinatologii. Studio Pin. Kraków 2001.

Standardy obowiązujące w opiece pielęgniarskiej nad dzieckiem z żółtaczką okresu noworodkowego

Izabela Fryla

Rodzące się dziecko musi przystosować się do życia pozamacicznego. Ciąża, poród oraz pierwsze chwile jego życia mają decydujący wpływ na późniejszy jego rozwój oraz całe życie. Przejawem procesów adaptacyjnych do życia pozamacicznego jest żółtaczka fizjologiczna, która występuje u około 50 – 70 % wszystkich noworodków w 2 – 3 dobie życia. Żółtaczka stanowi jeden z najczęstszych problemów w okresie noworodkowym. Wskazuje na odkładanie się bilirubiny w skórze i błonie śluzowej. Jednocześnie wzrasta jej poziom w surowicy krwi. Barwnik ten powstaje w wyniku katabolizmu hemoglobiny w układzie siateczkowo – śródbłonkowym, głównie szpiku kostnym, śledzionie i wątrobie. Jest to bilirubina pośrednia, tzw. wolna (rozpuszczalna w tłuszczach), gdyż jeszcze nie związana z kwasem glukuronowym, co dopiero wtedy czyni z niej bilirubinę bezpośrednią, tzw. związaną, która jest rozpuszczalna w wodzie Obie te postacie bilirubiny w osoczu są związane z albuminami. Niebezpieczne działanie bilirubiny polega na jej zdolności do odkładania się jej w tkankach bogatych w lipidy, np. w tkance podskórnej lub co gorsze w tkance nerwowej. Zdecydowana jednak większość żółtaczek okresu noworodkowego ma charakter fizjologiczny i przejściowy i nie wymaga leczenia, ponieważ we krwi noworodka występuje wtedy wyłącznie bilirubina związana, która nie ma zdolności penetrujących poprzez barierę krew – mózg więc jest nietoksyczna dla mózgu. Żółtaczka klinicznie manifestuje się zażółceniem powłok skórnych, błon śluzowych oraz twardówki [2,10]. W przeciwieństwie do żółtaczek fizjologicznych na uwagę zasługują tzw żółtaczki patologiczne, w których obserwuje się wysokie stężenia bilirubiny. Stan ten może być bardzo groźny dla życia i zdrowia noworodka, u którego niedojrzała jeszcze bariera krew – mózg nie chroni dostatecznie przed toksycznym dla mózgowia noworodka działaniem bilirubiny co może doprowadzić do encefalopatii wywołanej bilirubiną lub żółtaczki jąder podkorowych. Wystąpienie zbyt szybkiego zażółcenia powłok skórnych jest oznaką procesu patologicznego, którego etiologię należy jak najszybciej wyjaśnić, aby można było rozpocząć odpowiednie postępowanie lecznicze [22]. W opiece nad noworodkiem bardzo ważne jest zwracanie uwagi na sposób wykonywania czynności pielęgnacyjnych, na sposób stosowania procedur medycznych oraz na technikę wykonywanych czynności. Dobra współpraca całego personelu medycznego, z którym styka się noworodek począwszy od położnika, neonatologa, położnej oraz pielęgniarki daje duże możliwości zapewnienia prawidłowej opieki małemu pacjentowi oraz możliwość jej stałej poprawy [2,22].

Bilirubina powstaje w około 75% z rozpadu hemu, pochodzącego z krwinek czerwonych i w 25% z wolnego hemu, hemoproteiny, mioglobiny oraz z rozpadu prekursorów erytrocytów w szpiku kostnym. Bilirubina wolna czyli tzw. pośrednia transportowana jest do wątroby razem z albuminami. Na zdolność wiązania albumin wpływa: stopień dojrzałości noworodka, niedotlenienie i kwasica, hipoglikemia, hipotermia oraz leki tj. aminofilina, cefalosporyny oraz salicylany. Właśnie ta frakcja bilirubiny w wysokich stężeniach ma zdolność przenikania przez barierę krew – mózg i jest toksyczna. Ciąg dalszy metabolizmu bilirubiny odbywa się w wątrobie. Połączona bilirubina z albuminą przenoszona jest do wnętrza hepatocytu. Transport taki jest transportem czynnym. W komórce wątrobowej powstaje bilirubina sprzężona z białkami cytoplazmatycznymi. Powstaje w ten sposób bilirubina związana czyli bezpośrednia, która może być wydalana do dróg żółciowych oraz jelit. Bilirubina bezpośrednia pod wpływem transferazy urydylodwufosforoglukuronowej przemienia się do glukuronianów, które wydalane są z żółcią do przewodu pokarmowego i przetwarzane w urobilinogen oraz sterkobilinę. W błonie śluzowej jelita dzięki obecności enzymu betaglukuronidazy ponownie glukuroniany hydrolizowane są do bilirubiny niesprzężonej, która może ulec reabsorbcji i ponownej koniugacji. Jest to tzw. krążenie wątrobowo – jelitowe bilirubiny. Pozostała część bilirubiny wydalana jest z kałem w postaci sterkobilinogenu [7,8,10,12,18,23].

Na powstanie oraz przebieg żółtaczek okresu noworodkowego ma wpływ wiele czynników, należą do nich czynniki etniczne, skłonności genetyczne, uwarunkowania rodzinne, rodzaj leków przyjmowanych przez kobietę w czasie ciąży, przebieg ciąży i porodu, stan noworodka po porodzie oraz podawane mu leki.

Żółtaczka fizjologiczna jest stanem procesów adaptacyjnych wątroby noworodka do życia pozamacicznego. Występuje u około 50 – 70 % noworodków urodzonych o czasie i u 60 – 80% dzieci urodzonych przedwcześnie. Ujawnia się w 2 – 3 dobie, a maksymalny poziom bilirubiny całkowitej wynosi do 12 mg/dl w 4 dobie życia u dzieci donoszonych i 15 mg/dl w 7 dobie życia u dzieci urodzonych przedwcześnie. Ustępuje w czasie 7 – 10 dni u dzieci urodzonych o czasie, natomiast u wcześniaków może ustępować do 14 – 21 dni [4,5,7,10].

Do kryteriów pozwalających rozpoznać żółtaczkę fizjologiczną należą:

- wystąpienie żółtego zabarwienia powłok skórnych po 24 godz. życia, początkowo na twarzy, następnie na tułowiu i na końcu obejmuje kończyny,

- poziom bilirubiny całkowitej nie jest wyższy niż 12 mg/dl u noworodków urodzonych o czasie, a 15 mg/dl u wcześniaków natomiast u noworodków karmionych piersią maksymalne stężenie bilirubiny całkowitej nie powinno przekroczyć 17 mg/dl,

- poziom bilirubiny bezpośredniej nie przekracza 2 mg/dl,

- wzrost stężenia bilirubiny na dobę nie przekracza 5 mg/dl [10,21].

Do czynników odpowiedzialnych za patogenezę żółtaczki fizjologicznej należą:

- nadmierne wytwarzanie bilirubiny pośredniej,

- krótki czas przeżycia erytrocytów (90 dni u noworodków donoszonych i 70 dni u wcześniaków),

- wchłanianie zwrotne bilirubiny na skutek wzmożonego krążenia jelitowo – wątrobowego,

- obniżony poziom albumin i związany z tym utrudniony transport bilirubiny,

- niedobór endogenny flory jelitowej,

- upośledzona perystaltyka na skutek opóźnionego pierwszego karmienia lub zbyt mała podaż pokarmu [4,10,21].

Żółtaczka fizjologiczna jako proces adaptacyjny i fizjologiczny nie wymaga leczenia.

Wśród czynników, które powodują nasilenie, wydłużenie czasu trwania żółtaczki obok niedotlenienia, kwasicy, krwiaków okołoporodowych, podaży leków wymienia się również karmienie naturalne.

Przyczyna tej żółtaczki związana jest ze zmniejszonym wydalaniem bilirubiny na skutek opóźnionego pierwszego karmienia noworodka, zbyt małej podaży pokarmu, opóźnionego pasażu smółki dziecka oraz zaburzeń sprzęgania bilirubiny związanych z obecnością w mleku kobiecym czynników opóźniających glukuronizację [4].

Biorąc pod uwagę czas występowania można wyróżnić dwa rodzaje żółtaczki noworodków karmionych piersią:

- wczesną,

- późną.

Żółtaczka pokarmu kobiecego występuje stosunkowo rzadko i decyzji o odstawieniu dziecka od piersi nie należy podejmować zbyt pochopnie. W przypadku gdy poziom bilirubiny przekracza 20 mg/dl bezwzględnie należy zastosować leczenie, aby nie dopuścić do żółtaczki jąder podstawy mózgu. Odstawienie dziecka od piersi na czas 12 – 24 godzin i karmienie go w tym czasie mlekiem sztucznym powinno doprowadzić do spadku stężenia bilirubiny o około 2 mg/dl w stosunku do wartości wyjściowych [8,12,14,15].

Każda żółtaczka może być symptomem jakiejś jednostki chorobowej. Żółtaczka występująca w pierwszej dobie życia wymaga dokładnej diagnostyki. Ważne jest aby odpowiednio wcześnie określić rodzaj bilirubiny, tj. stężenia jej frakcji pośredniej czy bezpośredniej, gdyż od tego uzależnione będzie postępowanie diagnostyczno – lecznicze [5,12].

Żółtaczki patologiczne można podzielić pod względem czasu trwania i stopnia nasilenia:

- ŻÓŁTACZKA PRZEDWCZESNA – zaczyna się przed 24 godziną życia, a poziom bilirubiny przekracza 7 mg/dl,

- ŻÓŁTACZKA PRZEDŁUŻONA – występuje ponad 10 dni u dzieci donoszonych i ponad 21 dni u wcześniaków,

- ŻÓŁTACZKA NADMIERNA – poziom bilirubiny przekracza 12 mg/dl [10].

Inny podział żółtaczek patologicznych oparty jest na rodzaju bilirubiny wywołującej żółtaczkę i zgodnie z nim dzieli się je na:

- żółtaczki spowodowane bilirubiną niezwiązaną czyli pośrednią,

- żółtaczki spowodowane bilirubiną związaną czyli bezpośrednią.

Najczęściej żółtaczki patologiczne noworodków spowodowane są stanami hemolitycznymi przebiegającymi ze wzrostem bilirubiny pośredniej [10].

Przyczyny:

- nadmierny rozpad krwinek czerwonych,

- gromadzenie się krwi poza łożyskiem naczyniowym,

- policytemia,

- upośledzony metabolizm wątroby – obniża aktywność transferazy glukuronowej

- nasilone krążenie jelitowo – wątrobowe.

Żółtaczki wywołane przez wzrost bilirubiny bezpośredniej:

- zapalenie wątroby,

- TORCH,

- posocznica,

- choroby dróg żółciowych,

- choroby metaboliczne (mukowiscydoza, galaktozemia). [7,10,12,17,21].

Czynniki ryzyka żółtaczki patologicznej można podzielić na trzy grupy:

1. Główne czynniki ryzyka

- stężenie bilirubiny całkowitej w surowicy wyższe niż 15mg/dl u noworodków karmionych sztucznie,

- stężenie bilirubiny całkowitej w surowicy wyższe niż 17 mg/dl u noworodków karmionych piersią,

- żółtaczka występuje w pierwszej dobie życia,

- niezgodność w grupach krwi z dodatnim BTA lub inna choroba hemolityczna,

- wiek ciążowy 35 – 37 Hbd,

- poprzednie potomstwo wymagało fototerapii,

- krwiaki na głowie,

- wyłączne karmienie piersią, zwłaszcza gdy są problemy z tym karmieniem, a u dziecka jest duży spadek masy ciała,

- rasa żółta.

2. Drugorzędne czynniki ryzyka

- wiek ciążowy 37 – 38 Hbd,

- żółtaczka stwierdzona przed wypisaniem dziecka ze szpitala do domu,

- rodzeństwo miało żółtaczkę,

- dziecko makrosomiczne matki chorej na cukrzycę,

- płeć męska.

3. Czynniki zmniejszające ryzyko

- wiek ciążowy większy niż 41 Hbd,

- wyłączne karmienie sztuczną mieszanką,

- rasa czarna,

- wypis ze szpitala po 72 godzinach. [5,7,12,14]

CHOROBA HEMOLITYCZNA NOWORODKA

Organizm matki wytwarza przeciwciała ukierunkowane na erytrocyty płodu z powodu wcześniejszej immunizacji matki w wyniku wcześniejszej ciąży, poronienia, cięcia cesarskiego, aborcji lub aminopunkcji. Wytwarzanie przeciwciał zaczyna się, gdy erytrocyty płodu przejdą przez barierę łożyskową do krążenia matki. Liczba erytrocytów płodu musi być odpowiednia, aby wywołać u matki odpowiedź immunologiczną. W następstwie tego przeciwciała matki uszkadzają krwinki płodu, dochodzi do hemolizy i rozwija się choroba hemolityczna noworodka [10].

CHOROBA HEMOLITYCZNA W UKŁADZIE Rh

Choroba hemolityczna związana z układem grupowym występuje u noworodków matek Rh(-) ujemnych, które dziedziczą po ojcu antygen (+) dodatniego czynnika Rh. W skutek tej niezgodności organizm matki wytwarza przeciwciała anty D, przeciwciała te dostają się do krążenia płodu poprzez barierę łożyskową. Hemoliza erytrocytów doprowadza w następstwie do niedokrwistości płodu, a w konsekwencji do niedotlenienia. Tworzą się erytroblasty w skutek zwiększonej erytropoezy, dochodzi do powiększenia się wątroby i śledziony. Powiększona wątroba i śledziona nie wywiązują się ze swoich funkcji, zmniejsza się synteza białek a to prowadzi do powstania obrzęków płodu.

Wyróżnia się trzy postacie choroby hemolitycznej noworodka

- ciężka anemia noworodków,

- ciężka żółtaczka noworodków,

- uogólniony obrzęk płodu.

Postępowanie diagnostyczne polega na oznaczeniu grupy krwi i Rh matki i płodu, wykonaniu testu Coombsa (bezpośredni test antyglobulinowy BTA) oraz oznaczeniu stężenia bilirubiny.

Zapobieganie chorobie hemolitycznej w układzie Rh polega na podawaniu matkom Rh (-) ujemnym immunoglobuliny anty D po każdej ciąży z obecnością (+) dodatniego Rh płodu, po każdym poronieniu kobieta Rh (-) ujemna otrzymuje immunoglobulinę anty D. U kobiet ciężarnych mających (-) ujemne Rh będących w 28 tyg. ciąży również podaje się immunoglobulinę anty D [7,10,15].

CHOROBA HEMOLITYCZNA W UKŁADZIE GRUPOWYM KRWI AB0

Konflikt serologiczny w układzie grupowym krwi AB0 występuje, gdy matka ma grupę krwi 0, a płód odziedziczył po ojcu grupę krwi A lub B. Dojrzałość antygenowa układu ABO u płodu jest zmniejszona natomiast u matki we krwi obecne są immunoglobuliny IgM, które niszczą obcogrupowe krwinki czerwone. Dlatego też choroba hemolityczna wywołana konfliktem serologicznym w układzie AB0 jest znacznie łagodniejsza od choroby hemolitycznej w układzie Rh, ma łagodny przebieg, ujawnia się dopiero po urodzeniu, a zażółcenie jest jedynym objawem, ale stopień narastania bilirubiny bywa czasami bardzo gwałtowny [7,10,15].

ŻÓŁTACZKA CHOLESTATYCZNA

Cholestaza okresu noworodkowego to upośledzony przepływ bilirubiny sprzężonej w hepatocytach z kwasem glukuronowym do dwunastnicy powodujący podwyższenie poziomu bilirubiny związanej. Cholestaza noworodkowa ukazuje uszkodzenie wątroby, zaburzenie powstawania żółci w hepatocytach, przerwanie przepływu i transportu żółci przez przewody wewnątrzwątrobowe do zewnątrzwątrobowych [8,11,20].

DIAGNOSTYKA ŻÓŁTACZEK

Podstawą prawidłowego postępowania z noworodkiem z żółtaczką jest umiejętne ocenienie stopnia nasilenia żółtaczki, dokładna analiza czynników ryzyka oraz odpowiedni dobór metody leczenia lub dalszej kontroli. Niezwykle ważny jest wywiad z uwzględnieniem informacji o lekach przyjmowanych przez matkę w czasie ciąży i porodu, dane o przebiegu porodu i o wykładnikach niedotlenienia płodu. Ocena kliniczna powłok skórnych bardzo często jest wystarczająca pomocny jednak bywa w tej ocenie schemat Kramera lub wykorzystanie do przezskórnego pomiaru bilirubiny tzw. bilirubinometru. Stosowanie w/w bilirubinometru zmniejsza ilość inwazyjnych procedur, ponieważ dla dziecka jest to metoda bezbolesna.

W diagnostyce żółtaczek należy również uwzględnić badania laboratoryjne, w skład których wchodzą:

- grupa krwi matki, czynnik Rh, odczyn Coombsa pośredni (w celu określenia ewentualnej niezgodności lub choroby hemolitycznej noworodka),

- grupa krwi, czynnik Rh i odczyn Coombsa bezpośredni u noworodków matek Rh (-) ujemnych oraz z grupy 0 w celu wykluczenia choroby hemolitycznej,

- stężenie bilirubiny całkowitej i bezpośredniej,

- morfologia z rozmazem,

- CRP,

- posiew krwi,

- badanie ogólne moczu,

- posiew moczu,

- badanie serologiczne w kierunku zakażeń, PCR,

- stężenie białka całkowitego i albumin,

- badanie mocz na obecność glukozy,

- badanie hormonów tarczycy [7,21].

LECZENIE ŻÓŁTACZEK OKRESU NOWORODKOWEGO

Żółtaczki okresu noworodkowego mają różne przyczyny, które warunkują zastosowanie odpowiedniego leczenia. Sposób postępowania zależny jest od przyczyny, wieku ciążowego, stopnia nasilenia objawów i stanu ogólnego dziecka. Leczenie objawowe obejmuje:

- fototerapię,

- transfuzję wymienną,

- leczenie farmakologiczne [7,8,10].

FOTOTERAPIA NOWORODKÓW – STANDARD POSTĘPOWANIA PIELĘGNIARSKIEGO

DEFINICJA – fototerapia jest metodą leczenia noworodków z hiperbilirubinemią przy pomocy fal światła widzialnego prowadzącego do obniżenia poziomu bilirubiny. Pod wpływem fal światła widzialnego bilirubina może ulegać 3 typom reakcji fotochemicznych: fotooksydacji, izomeryzacji konfiguracyjnej i strukturalnej. Najważniejsze dla obrazu klinicznego są reakcje, podczas których powstają fotoizomery (np. lumirubina), które wydalane są następnie z organizmu z moczem, kałem i żółcią [13,17].

RODZAJ ZABIEGU – terapeutyczny.

CEL – fototerapia ma na celu zmniejszenie stężenia bilirubiny niezwiązanej we krwi noworodka oraz zapobieganie powikłaniom związanym z nasiloną żółtaczką okresu noworodkowego.

WSKAZANIA – poziom bilirubiny pośredniej przekraczający normy laboratoryjne z uwzględnieniem wieku kalendarzowego noworodka.

PRZECIWWSKAZANIA – brak jest bezwzględnych przeciwwskazań, do względnych należy zaliczyć hiperbilirubinemię z przewagą bilirubiny bezpośredniej przy stężeniach większych niż 2 mg/dl oraz porfirię

WYKONAWCA – pielęgniarka.

SPRZĘT – należy przygotować: urządzenie do fototerapii (lampa wolnostojąca, materacyk lub śpiworek do fototerapii), inkubator o przejrzystych ściankach, opaska zabezpieczająca oczy noworodka lub specjalne okulary do fototerapii, zasłony zmniejszające rozproszenie światła [1,13].

OPIS PROCEDURY

1. Higieniczne mycie rąk w celu uchronienia noworodka przed zakażeniami.

2. Umycie skóry dziecka w celu zmycia wszelkich kremów, maści, emulsji które mogą powodować podrażnienie skóry podczas fototerapii.

3. Umieszczenie noworodka w inkubatorze otwartym lub zamkniętym.

4. Odsłonięcie jak największej powierzchni skóry noworodka.

5. Założenie dziecku na głowę specjalnych okularów do fototerapii, chroniących oczy noworodka.

6. Sprawdzenie, czy bezpośrednio do skóry dziecka nie przylegają plastikowe taśmy od pieluch lub inne elementy plastikowe które, w trakcie stosowania fototerapii mogłyby się nagrzać i oparzyć dziecko.

7. Sprawdzenie, czy prawidłowo założona jest przeźroczysta ochrona na świetlówki (bez względu na to, czy używany jest inkubator otwarty czy zamknięty), która zabezpiecza dziecko przed przypadkowym pęknięciem świetlówki oraz pełni funkcję filtru zmniejszającego promieniowanie ultrafioletowe.

8. Umieszczenie lampy do fototerapii w prawidłowej odległości od dziecka. Odległość uzależniona jest od mocy urządzenia i typu światła lub standardowa odległość 40 – 50 cm od dziecka.

9. Rozpoczęcie fototerapii ściśle wg. zleceń, fototerapia ciągła lub przerywana.

10. Regularne zmienianie pozycji ciała dziecka co 2 – 3 godz., dzięki czemu naświetlana jest każda powierzchnia ciała oraz zmniejsza się ryzyko powstania zmian skórnych będących wynikiem naświetlania.

11. Regularne sprawdzanie, czy opaska prawidłowo zabezpiecza oczy dziecka. Jest to bardzo ważne, gdyż światło używane do fototerapii ma negatywny wpływ na narząd wzroku.

12. Co 4 godziny zdjęcie opaski i przemycie oczu dziecka wodą destylowaną, zmniejsza ryzyko wysuszenia i uszkodzenia rogówki oka.

13. Regularne monitorowanie temp. ciała dziecka aby zapobiec hipertermii i odwodnieniu jako następstwo przegrzania.

14. Regularne monitorowanie nawodnienia dziecka, kontrola diurezy i masy ciała w zależności od stanu klinicznego dziecka. W trakcie fototerapii może wystąpić konieczność zwiększenia podaży płynów. Na zwiększoną utratę wody szczególnie narażone są wcześniaki, zapotrzebowanie na płyny w trakcie fototerapii należy u nich zwiększyć o 1 – 6 ml/kg mc./godzinę.

15. Regularne karmienie noworodka co 2 – 3 godziny.

16. Odnotowywanie czasu prowadzonej fototerapii w dokumentacji lekarskiej co pozwala na ocenę ewentualnych zagrożeń lub nieskuteczności leczenia.

17. W przypadku zlecenia intensyfikacji fototerapii: zmniejszenie odległości dziecko – lampa, dodanie dodatkowego źródła światła, całkowite rozebranie dziecka, okrycie inkubatora białym materiałem co spowoduje odbijanie światła i zwiększy skuteczność fototerapii.

18. Po zakończeniu fototerapii sprawdzenie dawki światła wytwarzanej przez lampę za pomocą foto radiometru w przypadku braku foto radiometru odnotowuje się czas pracy lamp (świetlówki należy wymieniać co 2000 godzin pracy) [1,13].

U ponad 60 % wszystkich noworodków obserwuje się zażółcenie powłok skórnych, mimo bardzo dużego postępu w medycynie żółtaczka noworodków jest nadal bardzo ważnym problemem dla pediatrów i neonatologów, ponieważ może być objawem innych zaburzeń np. niedokrwistości hemolitycznej, zakażenia lub choroby metabolicznej, a niezwiązana bilirubina może się odkładać w mózgu, zwłaszcza w jądrach podstawy powodując kernicterus. Dlatego nieoceniona jest wnikliwa obserwacja noworodka przez pielęgniarkę, która ma kontakt z dzieckiem przez całą dobę. Pozwala ona na wczesne wykrycie zażółcenia powłok skórnych, możliwie szybkie oznaczenie poziomu bilirubiny we krwi a w razie konieczności szybkie podjęcie działań leczniczych. Niezmiernie ważna w hiperbilirubinemii jest profilaktyka. Karmienie piersią zaraz po urodzeniu oraz później „na żądanie", właściwe nawadnianie dziecka w pierwszych dobach jego życia oraz skuteczny pasaż jelitowy zmniejsza ryzyko hiperbilirubinemii, jak również zapobiega nadmiernej utracie masy ciała.

Niezmiernie ważna jest informacja dla rodziców podczas wypisu dziecka z oddziału neonatologicznego, który odbywa się w 2 – 5 dobie życia dziecka czyli jeszcze przed ustąpieniem żółtaczki. Rodzice powinni wiedzieć, że mają obserwować zabarwienie skóry dziecka oraz jego zachowanie, powinni znać niepokojące objawy i w razie ich wystąpienia powinni wiedzieć gdzie mają się wtedy udać z dzieckiem.

Piśmiennictwo:

1. Bałanda A. Opieka nad noworodkiem. Biblioteka położnej. Wydawnictwo Lekarskie PZWL. Warszawa 2009 str. 54 – 61.

2. Borkowski W. M. Opieka pielęgniarska nad noworodkiem. Wydawnictwo Medycyna Praktyczna. Kraków 2007 str.225 – 231,

3. Czerwionka – Szaflarska M., Nowak A. Przedłużająca się żółtaczka u noworodków i niemowląt – o czym należy myśleć ?. Prz.Pediatr.2007;37(4):383 – 387.

4. Dróżdż – Gessner Z. Zarys pielęgniarstwa pediatrycznego. Wydawnictwo Akademia Medyczna im. K. Marcinkowskiego. Poznań 2006 str.173 – 175.

5. Gadzinowski J. Neonatologia. Ośrodek Wydawnictw Naukowych. Poznań 2000 str.191-202.

6. Gadzinowski J., Szymankiewicz M. Podstawy neonatologii. Wielkopolski Oddział Towarzystwa Medycyny Perinatalnej. Poznań 2006 str.145 – 152.

7. Koehler B., Marszał E., Świetliński J. Wybrane zagadnienia z pediatrii. Śląska Akademia Medyczna. Katowice 2002 str. 24 – 33, 110 – 116.

8. Kornacka M. K. Cholestaza w żywieniu pozajelitowym noworodków. Stand.Med.2005;7 supl.24:.82 – 86.

9. Kornacka M. K., Tłoczyło J. Hiperbilirubinemia okresu noworodkowego – problem stale aktualny. Post. Neonatol. 2008;(1):55 – 61.

10. Kózka M., Płaszewska – Żywko L. Procedury pielęgniarskie. Wydawnictwo Lekarskie PZWL. Warszawa 2009 str.615 – 619.

11. Kubacka K., Kawalec W. Pediatria tom 1. Wydawnictwo Lekarskie PZWL. Warszawa 2006 str.157 – 161.

12. Milanowski A. Pediatria. Wydawnictwo Medyczne Urban&Partner. Wrocław 2009 str.180 – 184.

13. Pisarski T. Położnictwo i ginekologia. Wydawnictwo Lekarskie PZWL. Warszawa 2002 str. 680 – 684.

14. Radzikowski A., Banaszkiewicz A. Pediatria. Medipage. Warszawa 2008 str.81 – 83.

15. Suchy F. Cholestaza noworodków. Pediatria po dyplomie. 2005;5:44-52.

16. Szczapa J. Podstawy neonatologii. Wydawnictwo Lekarskie PZWL. Warszawa 2008 str.227-248.

17. Szczeklik A. Choroby wewnętrzne tom 1. Medycyna Praktyczna. Kraków 2006 str.258-272.

18. Tołłoczko J., Kornacka M. K. Żółtaczki okresu noworodkowego – czy wszystko już wiemy?. Klin. Pediatr. 2006;14(2):210-216.

Główne etapy procesu pielęgnacyjnego w opiece nad dzieckiem po urazie komunikacyjnym

Agnieszka Markowska

Problem wypadków komunikacyjnych jest znany społeczeństwu od bardzo dawna, od kiedy pojawiły się drogi, po których zaczęły poruszać się pojazdy. Kolosalna liczba urazów u dzieci jest podyktowana nieustannym rozkwitem motoryzacji, a także szybkim rytmem życia rodziców, którzy nie są w związku z tym zapewnić adekwatnego nadzoru swoim dzieciom [1]. Urazy wciąż pozostają główną przyczyną śmierci dzieci i młodzieży, a ponadto w największym odsetku są źródłem kalectwa. Dzieci są najczęściej ofiarami wypadków samochodowych, rowerowych czy potrąceń przez pojazdy. Wypadki te przyczyniają się w ogromnej mierze do powstania kilkudziesięciu kalek, kilkuset pozajmowanych łóżek oraz tysiąca wizyt w oddziałach ratunkowych, a w dalszym czasie niezdolności dzieci do nauki oraz nieobecności w pracy ich rodziców, opiekunów. Najczęstszymi urazami komunikacyjnymi są uraz głowy, jamy brzusznej, klatki piersiowej, urazy kostno- stawowe. Opieka pielęgniarska u dzieci po urazach komunikacyjnych musi objąć wszelkie problemy pielęgnacyjne, jakie wiążą się z pobytem małego pacjenta w szpitalu. Pacjent powinien być otoczony pełną, a zarazem fachową opieką.

Najczęstsze przyczyny wypadków to nadmierna prędkość, nieprzestrzeganie pierwszeństwa przejazdu, nieprawidłowe przejeżdżanie przez przejścia dla pieszych i nieostrożne wchodzenie na jezdnie pieszych lub nietrzeźwość kierowców [2].

Do pierwszego wypadku komunikacyjnego doszło 17 stycznia 1896 roku. Bridget Driscoll 44 letnia matka dwójki dzieci, została potrącona przez samochód, idąc z córką na pokaz tańca w Crystal Palace w Londynie [2]. Aktualnie na drogach całego świata ginie rocznie w przybliżeniu 1,2 milionów osób, co 30 sekund jeden człowiek. Blisko 40 procent wszystkich zabitych stanowią dzieci i młodzież. Największe trudności w walce z zagrożeniem zdrowia i życia w ruchu drogowym wynikają z wciąż panujących mitów w polskim społeczeństwie: wypadki są nieuniknionym i nieodłącznym elementem ruchu drogowego, przyczyny tych wypadków to koleiny na drogach, możliwe jest połączenie jazdy szybkiej i bezpiecznej, jeżeli ktoś zginął to z własnej winy [3].

W oparciu o udostępnione dane statystyczne z Komendy Miejskiej wyciągnięto wnioski, które mówią nam, że przyczyny urazów w następstwie wypadków komunikacyjnych u dzieci zależne są od wieku. W młodszych grupach wiekowych najczęściej przyczyną jest zderzenie się samochodu, w którym przewożone jest dziecko (pasażer) i jest to grupa mniej liczna. Najliczniejszą grupę ofiar stanowią dzieci w wieku szkolnym. Są to piesi uczestnicy ruchu drogowego, bo w tym okresie dzieci stają się coraz bardziej samodzielne i przeceniają swoje możliwości i umiejętności.

Niebezpieczeństwo wypadków i urazów dzieci może być zminimalizowane poprzez podjęcie działań prewencyjnych. Najlepszym sposobem eliminacji urazów jest zapobieganie. Rodzice, opiekunowie, a także wyznaczone ku temu służby winny skupić swoje działania na interwencjach środowiskowych, wdrażanie programów edukacyjnych itp. Przede wszystkim jednak należy uczyć dzieci stosownych zachowań w ruchu drogowym.

Dużą rolę odgrywają kampanie promujące stosowanie fotelików samochodowych, budowanie mody na jazdę w kaskach ochronnych (duży efekt 80% dzieci zaczęło jeździć w kasku przy wykorzystaniu popularnej kreskówki), uformowanie mody z elementami odblaskowymi na ubraniach nie tylko wyłącznie dla dzieci w wieku do 15 lat, ale też powyżej tego wieku.

Ważne są też poczynania społeczne. Przykładem jest istniejąca w USA organizacja MADD gromadząca matki, które straciły dzieci w wypadkach [4]. Wspólnym dorobkiem stowarzyszenia "Matki Przeciw Pijaństwu na Drodze" (MADD) i DaimlerChrysler była objazdowa wystawa fotograficzna pt. "Po Wypadku" przedstawiała migawką z życia 10 rodzin, których los odmienił się na zawsze. Celem było pokazanie młodzieży oraz jej rodzicom tragicznych konsekwencji kierowania pojazdami mechanicznymi w stanie nietrzeźwym i rujnujących życie skutków wypadków drogowych.

W ciągu pierwszych dwóch lat życia uraz u dzieci jest wynikiem wypadku komunikacyjnego, jeśli dziecko przewożone w samochodzie nie było odpowiednio zabezpieczone pasami w czasie transportu. Najczęściej przyczyną urazu jest zderzenie się samochodu, którym było przewożone dziecko, z innym samochodem. Dzieci w wieku 6-12 lat są ofiarami potrąceń przez pojazdy dwa razy częściej niż młodsze. W tym okresie życia dzieci stają się bardziej samodzielne i urazy komunikacyjne w czasie jazdy na rowerze, motorowerze, pojazdem terenowym, na deskorolkach i łyżworolkach zdarzają się coraz częściej. Jedną z przyczyn urazów u nastolatków stają się kierowcy pojazdów. W każdej grupie wiekowej urazom ulegają częściej chłopcy niż dziewczęta, ale przede wszystkim przeważają piesi potrąceni przez pojazdy.

Urazy u dzieci to następstwo złej organizacji rozdzielenia ruchu pieszych, rowerzystów i samochodów. Bezpieczne uczestnictwo dzieci w ruchu drogowym jest uzależnione od jego rozwoju psychicznego i fizycznego, od reakcji mózgu, układu nerwowego, zmysłów, na bodźce zewnętrzne, umożliwiające racjonalne zachowanie w każdej sytuacji. U dzieci w wieku 7-10 lat te cechy nie są wystarczające rozwinięte i wolniej występuje proces spostrzegania. Dziecko w tym wieku nie do końca dostrzega różnice, jakie czynniki są istotne a jakie nieistotne. W wielu przypadkach spowalnia to w szybkim podejmowaniu właściwych decyzji, a przyczyną tego jest brak analizy i syntezy określonych zjawisk. W późniejszym wieku 15-18 lat zdolność miarkowania i oceny sytuacji w ruchu drogowym ulega usprawnieniu, ale natomiast pojawiają się następne niebezpieczeństwa, czyli przecenienie swoich możliwości bezpiecznego uczestnictwa w tym ruchu. Do przyczyn urazów zalicza się także niski wzrost dziecka, powoduje to, że dzieci mniej widzą i są również mniej widziane przez użytkowników dróg, brak podzielności uwagi, dzieci koncentrują się głównie na zabawie, nie pojmują zagrożeń w ruchu drogowym, nie znają wszystkich zasad ruchu drogowego, jeśli już znają nie do końca potrafią je wdrożyć. Mają trudność ze zlokalizowaniem źródła dźwięku, trudności z właściwą oceną odległości i prędkości pojazdu, a również trudność z rozróżnianiem strony lewej od prawej [5].

Anatomia i fizjologia mózgu rosnącego niemowlęcia i dziecka różnią się znacznie od anatomii i fizjologii osób dorosłych. Te różnice, wpływają na objawy, ciężkość obrażeń i rokowanie w urazach dziecięcych. Z chwilą urodzenia rozwój ośrodkowego układu nerwowego nie jest zakończony. Niemowlęta cechują się dużą głową w stosunku do reszty ciała. Ta różnica zmniejsza się wraz z wiekiem, mają również słabe mięśnie szyi, które nie podtrzymują efektywnie dużej głowy. Mózg niemowlęcia może być bardziej czuły na czynność sił przyspieszenia lub opóźnienia, znajduje się, bowiem w ciężkiej, słabo podtrzymywanej czaszce. Niemowlęta i małe dzieci mają przesunięty ku górze środek ciężkości, i dlatego są szczególnie podatne na urazy głowy przy upadkach. Czaszka niemowląt jest cienka i swobodnie ulega odkształceniom, dlatego nie gwarantuje dobrej ochrony przy bezpośrednich uderzeniach. Cienka czaszka jest podatna na złamania, a w okresie niemowlęcym szwy czaszkowe są niezarośnięte. Mózg niemowlęcia nie jest całkowicie zmielinizowany. Proces mielinizacji w 1 roku życia przebiega szybko, a następnie postępuje nieco wolniej; trwa do 2 dekady życia. Zmniejszona mielinizacja półkul mózgowych u niemowląt powoduje, że są one bardziej sprężyste, co zabezpiecza przed uszkodzeniem w wyniku deformacji. Istota biała u niemowląt jest jednak bardziej wrażliwa na siły ścinające, które powstają w urazach z przyspieszenia-opóźnienia. Przestrzeń podpajęczynówkowa u niemowląt jest względnie duża w zestawieniu z dorosłymi. Krew z półkul mózgowych odprowadzana jest przez żyły przebiegające w przestrzeni podpajęczynówkowej do zatok żylnych. W urazach spowodowanych siłami przyspieszenia-opóźnienia naczynia te łatwo ulegają uszkodzeniu, co może prowadzić do pojawienia się krwotoków podtwardówkowych Złamania kości czaszki twarzowej u dzieci występują rzadziej niż u dorosłych. Powodem tego jest inna amortyzacja kośćca, uwydatniona wyniosłość czołowa, słabo rozwinięte zatoki oboczne nosa, obecność łącznotkankowych szwów międzykostnych obecność zębowych zawiązków i różny stopień rozwoju korzeni wyrzynających się zębów w dużej części chroni przed złamaniami części twarzowej czaszki. Dlatego złamania te potrzebują znacznie większej siły urazu niż, złamania u dorosłych. Konsekwencją uszkodzenia ośrodkowego układu nerwowego powiązane z obrażeniami w części twarzowej czaszki. Mimo wszystko dzieci znacznie lepiej w porównaniu do dorosłych znoszą bezpośrednie skutki urazów, to jednak w znacznym stopniu podatne są na ich późniejsze następstwa związane z zaburzeniami rozwoju. Następstwa te to nie tylko obrażenia miejscowe, ale również mogą zapoczątkować serie procesów chorobowych, które zaburzą homeostazę i funkcje organizmu. Przebyte w dzieciństwie urazy mogą być powodem odległych skutków na przykład pourazowej encefalopatii, obniżenia sprawności intelektualnej.

Najczęściej występującym urazem u dzieci jest uraz głowy, następnie urazy kostno-stawowe, jamy brzusznej oraz klatki piersiowej. Również często występują urazy wielonarządowe czy też wielomiejscowe. Na przykład upadek na rowerze w czasie potrącenia może spowodować złamanie kończyny górnej czy dolnej, ale również uraz głowy i w wielu przypadkach prowadzi do stłuczenia trzustki. Przejechanie natomiast pojazdu po kończynach spowoduje wielomiejscowe uszkodzenie kończyn. Obrażenia w obrębie klatki piersiowej oraz brzucha są zazwyczaj spowodowane silnymi urazami tępymi, w przeciwieństwie do dorosłych u dzieci rzadko występują urazy przenikające.

Uraz głowy może przebiegać z utratą przytomności lub bez niej, często także bez innych wyraźnych następstw. Dość często ciężkim i niebezpiecznym urazom głowy początkowo nie towarzyszą żadne lub prawie żadne objawy i dlatego ta właśnie grupa urazów wymaga większej uwagi. W przypadku urazu głowy należy zawsze pamiętać, że może dojść do urazu kręgosłupa w odcinku szyjnym. Dlatego należy bezwzględnie unieruchomić kręgosłup szyjny; niedopuszczalne jest odginanie głowy do tyłu.

Urazy głowy możemy podzielić: *obrażenia czaszki*- powłok czaszki, złamania czaszki, *obrażenia mózgu*- wstrząśnienie mózgu, stłuczenie mózgu, pourazowy obrzęk mózgu, krwiak wewnątrzczaszkowy.

Uraz głowy, któremu często towarzyszy przejściowa utrata przytomności trwająca czasami kilka-kilkanaście sekund, określany jest jako wstrząśnienie mózgu. Wstrząśnienie mózgu jest jednym z najczęściej występujących urazów u dzieci po urazie czaszkowo - mózgowym. Nasilenie dolegliwości i ich charakter zależą od rozległości urazu. Często jednak niebezpieczne urazy głowy nie pozostawiają żadnych zewnętrznych śladów. Brak rany, opuchlizny w miejscu urazu głowy nie zawsze mówi, że był to uraz nieistotny. W przypadku bardzo poważnych urazów głowy początkowo można nie stwierdzać żadnego z takich objawów, jak: nierówna średnica, kształt źrenic, nudności i wymioty, zamazane pole widzenia, zawroty głowy, bladość skóry, niepokój ruchowy, bóle głowy o różnym nasileniu, zaburzenia zdolności koncentracji, niewyraźna i niespójna mowa, bezładne lub niezrozumiałe wypowiedzi, zaburzenia pamięci zwykle obejmujące okres bezpośrednio przed i po urazie, krwawienie lub wyciek przejrzystego płynu mózgowo-rdzeniowego z ucha lub nosa. Po zakończeniu wstępnego badania oraz ustabilizowaniu stanu ogólnego u wielu dzieci konieczne jest przeprowadzenie badań neuroradiologicznych. Po urazie czaszkowo – mózgowym przeprowadza się diagnostykę obrazową, która obejmuje zdjęcia w projekcjach albo tomografię komputerową głowy, rtg odcinka szyjnego a także badanie ultrasonograficzne jamy brzusznej. Stan kliniczny dzieci również oceniany jest w skali Glasgow. Przeprowadzona zostaje konsultacja neurologiczna. Pacjent w pierwszej dobie hospitalizacji ma oceniane podstawowe parametry: tętno, ciśnienie tętnicze, oddech, szerokość źrenic, stan świadomości, neurologiczny. Gdy stan dziecka się pogarsza, dziecko jest senne, cierpiące, wymiotuje, lub ma nudności podejmowane jest leczenie farmakologiczne przeciwobrzękowe. Antybiotykoterapię wprowadza się tylko w momencie pęknięcia kości czaszki.

Płyny infuzyjne należy toczyć ostrożnie, albowiem przewodnienie może nasilać obrzęk mózgu i prowadzić do wzrostu ciśnienia wewnątrzczaszkowego. Nie można również dopuścić do wystąpienia odwodnienia, ponieważ może to doprowadzić do upośledzenia ciśnienia perfuzyjnego mózgu. W celu zmniejszenia obrzęku mózgu stosuje się leki moczopędne, nie można jednak doprowadzić do odwodnienia i wstrząsu, gdyż upośledzi to ukrwienie mózgu.

Przez pierwsze dni dziecko ma zalecone leżenie. Eliminujemy czynniki powodujące hałas. Wdraża się zakaz oglądania telewizji, pracy na laptopie, słuchanie radia, odtwarzaczy MP3, wykluczamy uciążliwe odwiedziny. Po trzeciej dobie dziecko może samodzielnie wychodzić do toalety. W trzeciej dobie wykonywane jest badanie okulistyczne i neurologiczne. Po 5 – 7 dniach pacjent wypisywany jest do domu ze wskazaniem do kontroli w poradni i z zaleceniem oszczędnego trybu życia. W okresie dzieciństwa występują również u pacjentów złamania kości czaszki, złamania w obrębie przedniego dołu czaszki, tylnego dołu czaszki, złamania z wgnieceniem kości, stłuczenie mózgu, krwotoki wewnątrzczaszkowe, które dzieli się na nadtwardówkowe, podtwardówkowe, śródmózgowe, podpajęczynówkowe. Urazowe uszkodzenia mózgu są głównymi przyczynami zgonu i nabytych zaburzeń neurologicznych u dzieci. U ponad 1/3, które przeżyły średniego lub znacznego stopnia uraz głowy, stwierdza się następstwa neurologiczne i psychologiczne.

Następnym najczęściej spotykanym urazem komunikacyjnym są urazy kostno-stawowe jak stłuczenia, złamania: kończyn górnych, dolnych, kręgosłupa, miednicy.

Typowymi objawami złamania są: zniekształcenie kończyny, obrzęk w miejscu złamania, ograniczenie ruchów kończyny ból i bolesność dotykowa w miejscu złamania, ruchomość w miejscu złamania, trzeszczenie odłamów kości podczas ruchów.

Najczęściej obserwuje się pojedyncze złamaniami kości długich, lub złamania wielomiejscowe kości kończyny górnej. Wybór sposobu leczenia jest uzależniony od rozległości obrażeń, stanu ogólnego oraz doświadczenia zespołu prowadzącego leczenie.

Sposoby leczenia można podzielić na zachowawcze i operacyjne. Etapem leczenia zachowawczego jest wykonanie u pacjentów repozycji, czyli odtworzenie prawidłowego ustawienia (u dzieci najczęściej w znieczuleniu ogólnym) sposobem zamkniętym lub otwartym przez wyciąg szkieletowy. Unieruchomienie sposobem repozycji zamkniętej uzyskuje się zakładając opatrunek gipsowy, a otwarty, wyciągiem szkieletowym.

Może również dojść do złamania obojczyka czy urazu szyi. Urazy szyi w wielu przypadkach stanowią bezpośrednie zagrożenie dla życia pacjentów. Urazy szyi mogą dotyczyć kręgosłupa z aparatem więzadłowym, rdzenia kręgowego, mięśni, przebiegających dużych naczyń i nerwów, szyjnych odcinków dróg oddechowych i przewodu pokarmowego, elementów gruczołowych oraz powłok skórnych. Uszkodzenie tych elementów stanowi poważne zagrożenie. Z powodu masywnego krwotoku z naczyń, istnieje duża możliwość powstania zatoru powietrznego po uszkodzeniu dużych żył, z jednoczesnym wystąpieniem objawów niewydolności oddechowej przy uszkodzeniu krtani i tchawicy. Środek obrotu kręgosłupa szyjnego wraz z wiekiem obniża się z wysokości C2/C3 u dzieci do lat 8 do C5/C6 w wieku 14 lat. U dzieci najmłodszych występują uszkodzenia zgięciowo - wyprostne gdyż właśnie są umiejscowione w górnym odcinku. Duża elastyczność elementów więzadłowych umożliwia jego uszkodzenia bez widocznych uszkodzenia na zdjęciach radiologicznych. Uszkodzenia kręgosłupa u dzieci starszych morfologicznie nie różnią się od postaci stwierdzonych u dorosłych. Są to zwichnięcia, złamania z rozkawałkowaniem i złamania współistniejące ze zwichnięciem, które dotyczy najczęściej drugiego i trzeciego kręgu szyjnego. Większość uszkodzeń rdzenia kręgowego nie prowadzi do jego przerwania, a jedynie do jego stłuczenia i ucisku. Do urazu krtani i tchawicy dochodzi rzadziej ze względu na ich chrzęstną budowę i możliwość odkształcania się. W przypadku urazu tępego może dojść do złamania w obrębie chrząstki tarczowatej, pierścieniowatej, pierścieni tchawicy i kości gnykowej, pierwszym objawem jest ostra niewydolność oddechowa. W momencie podejrzenia uszkodzenia kręgosłupa i rdzenia najważniejsze jest unieruchomienie w kołnierzu Schantza, zapewnienie drożności dróg oddechowych, stabilizacji krążenia i wentylacji zapobiega niedokrwieniu i niedotlenieniu. Podejrzenie uszkodzenia kręgosłupa i rdzenia kręgowego wymaga wykonania tomografii komputerowej, a w niektórych przypadkach rezonansu magnetycznego.

Trzecia, co do częstości urazów w wyniku wypadków komunikacyjnych jest narażona jama brzuszna. Liczba wzrasta w szczególności w urazach mnogich. Urazy te można podzielić na zamknięte i przenikające do innych okolic ciała. Urazy jamy brzusznej wymagają leczenia chirurgicznego w 20 – 30% przypadkach.

Wskazaniem do laparatomii jest niestabilność hemodynamiczna pacjenta, pomimo właściwej resuscytacji, objawy przedziurawienia przewodu pokarmowego, objawy zapalenia otrzewnej, rany przenikające powłok brzusznych. Natomiast leczenie zachowawcze może być prowadzone, gdy dziecko jest stabilne hemodynamicznie, leczenie prowadzone jest w warunkach monitorowania podstawowych funkcji życia przy, stałym dostępie aparatów diagnostycznych, dostępie do wykonania badań laboratoryjnych oraz krwi i preparatów krwiopochodnych, niezbędna również jest gotowość bloku operacyjnego.

Najczęściej dochodzi do uszkodzeń narządów miąższowych, takich jak: śledziona wątroba, trzustka [6]. W sporadycznych przypadkach do uszkodzenia narządów zawierających światło np. żołądka dwunastnicy jelita cienkiego i okrężnicy. Bardzo istotną rolę odgrywa badanie ultrasonograficzne jamy brzusznej, które pozwala nie tylko na wykrycie zmian pourazowych, ale monitorowanie i prowadzenie leczenia zachowawczego uszkodzeń narządów miąższowych. W przypadku uszkodzenia narządów posiadających światło konieczny jest zabieg chirurgiczny, w przypadku narządów miąższowych istnieje tendencja do leczenia zachowawczego.

Początek lat 70-tych zapoczątkował zmianę w sposobie leczenia urazów dotyczących narządów miąższowych. Spowodowane było to tym, że wzrastała wiedza dotycząca reakcji dzieci na uraz oraz poprawa diagnostyki obrazowej i najważniejsze doświadczenia zespołów chirurgicznych. Pierwsze zmiany dotyczyły postępowania w urazach śledziony.

Czwarta grupa urazów to urazy klatki piersiowej Większość z nich to urazy zamknięte. Klatka piersiowa dziecka ma elastyczną budowę szkieletu słabo rozwinięty gorset mięśniowy Pozwala to na dość znaczne jej odkształcenia, mogą powstać częściej niż u osób dorosłych zmiany pourazowe w narządach wewnętrznych bez uszkodzenia żeber. Klatka piersiowa dziecka ma w przeważającej części budowę chrzęstną dzięki tej budowie nawet urazy zadane dużą siłą zwykle nie powodują u dzieci złamań żeber i mostka, a w badaniu klinicznym zauważa się niewielkie obrażenia powłok. Niewielkie obrażenia zewnętrzne doprowadzą do poważnych uszkodzeń narządów wewnętrznych takich jak: serce, płuca, drogi oddechowe lub naczynia krwionośne. Dzieje się tak, ponieważ ściana klatki piersiowej dziecka wykazuje dużą podatność i większość energii urazu pochłaniana jest przez narządy leżące w jej wnętrzu. W wyniku urazu dochodzi do powstania odmy opłucnowej. Przyczyną jest uraz (tępy penetrujący). Odma opłucnowa jest to obecność powietrza w jamie opłucnej. Zazwyczaj występuje jednostronnie. Przyczyną jest wydostanie się powietrza z pęcherzyków płucnych i nagromadzenie w przestrzeni między blaszkami opłucnej, która jest cienką błoną wyścielającą zewnętrzną powierzchnię płuc i wewnętrzną powierzchnię klatki piersiowej. W zaistniałej sytuacji niemożliwe jest napełnianie się płuca powietrzem w czasie wdechu. W szczególnej postaci odmy odmie wentylowej ilość powietrza uwięzionego w opłucnej wzrasta przy każdym oddechu, uniemożliwiając w końcu całkowicie rozprężanie się płuca przy wdechu. Wyróżnia się odmę otwartą i zamkniętą. Otwarta – w wyniku urazu dochodzi do pełnej łączności jamy opłucnowej z atmosferą i powietrze swobodnie wpływa i wypływa z opłucnej przy każdym ruchu oddechowym. Zamknięta oznacza obecność pewnej ilości powietrza w opłucnej bez możliwości swobodnego przechodzenia do atmosfery i z powrotem, jest to łagodniejsza forma odmy. Mała odma opłucnowa wymaga jedynie leczenia spoczynkowego. Chory powinien leżeć na boku po stronie odmy oraz wykonywać rehabilitację oddechową, co sprzyja rozprężaniu płuca. Częściej należy usunąć powietrze z opłucnej za pomocą nakłucia opłucnej celem odbarczenia powietrza. Duże odmy leczy się stosując drenaż jamy opłucnowej, a w przypadku odmy wtórnej operację torakotomię bądź wideo torakoskopię.

Należy również wspomnieć o urazach spowodowanych pasami bezpieczeństwa. Po raz pierwszy w 1962 roku Garrett i Braunstein opisali „ zespół uszkodzeń powstałych w wyniku naciągnięcia się tak zwanych dwupunktowych pasów bezpieczeństwa podczas wypadków komunikacyjnych". Siły przyspieszenia ujemnego powodują uszkodzenie narządów jamy brzusznej, jak jelit i krezki, trzustki, śledziony skręcenia, perforacje przerwanie ich ciągłości jak również obrażenia kręgosłupa w odcinku lędźwiowym. Obrażenia najczęściej występują po stronie lewej w 75%.

Trudnym przeżyciem dla dziecka jak i rodziców jest rozłąka w przypadku, gdy rodzice nie zostają z dzieckiem. Przeżycie to ma znaczący wpływ na jego psychikę. Reakcja na hospitalizację występuje również u niemowląt poniżej 6 miesiąca życia. Aby łagodzić niepokój dziecka zaczęto zmieniać wystrój szpitali (kolorowe ściany, bajkowe motywy, kolorowa pościel). Psychika dziecka jednak jest w najlepszej kondycji, gdy są rodzice. Również posiadanie ulubionej maskotki, książeczki kojąco wpływa na dziecko. W wyniku urazu u pacjenta i rodziny pojawiają się reakcje psychiczne, które mają wpływ na proces leczenia. Dlatego oddziaływanie psychologiczne pielęgniarki jest nierozłącznym elementem opieki pielęgniarskiej, który powinien dawać poczucie bezpieczeństwa i zaakceptowania powstałej sytuacji. To oddziaływanie powinno być o dużej mocy szczególnie w kontakcie z małym pacjentem. W stosunku do małych dzieci pielęgniarka powinna się odnosić po macierzyńsku, to znaczy mówić spokojnym głosem, nie milczeć. Również mowa ciała czy dotyk powinny przejawiać życzliwość. Wartościową cechą jest empatia, czyli rozumienie i wczuwanie się w myśli i uczucia dziecka. Liczy się kontakt bezpośredni, delikatny uśmiech, bezpośrednie zwracanie się do dziecka spokojnym tonem. W miarę możliwości należy umożliwić dziecku dokonania wyboru przy czynnościach pielęgniarskich. Ważnym elementem jest również kontakt pielęgniarki z rodzicem, który ma być kontaktem pozytywnym. Rodzicom powinno okazać się zrozumienie i w miarę możliwości włączyć ich w czynności pielęgnacyjne, dziękując im i chwaląc, gdyż dobre samopoczucie rodziców wpływa kojąco na stan psychiczny dziecka. Jeśli rodzice nie mogą przebywać dzieckiem, pielęgniarka powinna ich poprosić o dostarczenie dziecku oznak miłości na przykład rozmów telefonicznych, fotografii, listów, drobnych upominków, które mogą być namiastką bezpośredniego kontaktu. Trudniejsze zadanie dotyczy współdziałania pielęgniarki z nastolatkami, które z reguły są zbuntowane, obrażone na świat. Z nastolatkiem trzeba rozmawiać traktując go jak partnera w rozpatrywaniu problemu. Warto poszukiwać dobrych rozwiązań, nagrodą za to będzie bardziej dojrzałe, lepiej radzące sobie ze stresem dziecko.

Piśmiennictwo:

1. Bułhak-Guz H, Klimanek-Sygnet M. Urazy śledziony i wątroby u dzieci. Rocznik Dziecięcej Chirurgii urazowej 2004;2:15-18.
2. http://en.wikipedia.org/wiki/Bridget_Driscoll - 2008.10.04.
3. http://pl.wikipedia.org/wiki/Wypadek drogowy - 2008.10.05.
4. Grochowski J. Urazy u dzieci. Wydawnictwo Lekarskie PZWL, Warszawa 2000.
5. Goniewicz M, Wnuk T, Ostrowski M, Nogalski A, Kulesza Z. Wypadki komunikacyjne jako przyczyny obrażeń u dzieci. Zdrowie publiczne 2006.
6. Borgiel –Marek H. Łangowska-Adamczyk H, Jędrusik –Pawłowska M, Drugacz J, Niedzielska I. Ocena obrażeń doznanych przez dzieci w wyniku wypadków komunikacyjnych. Jubileuszowy Zjazd Towarzystwa Chirurgów Polskich Warszawa T.1 -2002.

Urazy wypadkowe i niewypadkowe u dzieci. Rola i zadania pielęgniarki w edukacji dzieci i rodziców na temat profilaktyki zagrożeń urazami

Alicja Mazur

Większość urazów ma miejsce w domu, gdzie dzieci, naśladując rodziców lub bawiąc się doznają najczęstszych urazów. Na urazy narażone są najbardziej dzieci w wieku od 1 do 5 lat. Są bardzo ruchliwe, ciekawe świata, wszystkiego chcą dotknąć, a jednocześnie brakuje im zdolności przewidywania bezpośrednich następstw swoich działań. Dzieci naśladując dorosłych są w stanie uruchomić różne domowe sprzęty np. mikser, żelazko lub suszarkę do włosów, ale nie znając zasad ich działania narażają się na niebezpieczeństwo skaleczenia, oparzenia albo porażenia prądem. Wśród stale narastającej ilości wypadków, jaką niesie ze sobą rozwój cywilizacji, liczba tych nieszczęść wśród dzieci i młodzieży w ostatnich latach niepokojąco wzrasta. Niepokojący jest fakt, że wysoki procent wszystkich przypadków stanowią wypadki drogowe, następnie utonięcia, upadki z wysokości, oparzenia i uduszenia, urazy i zatrucia, pobicia i znęcanie się nad dzieckiem. W każdym wieku dziecięcym urazy mają odrębne cechy charakterystyczne dla poszczególnych okresów życia. Już w pierwszych 6 miesiącach niemowlę, nawet jeszcze zanim nauczy się przewracać na boki, może spaść ze stołu, tapczanu, łóżeczka, na którym jest przewijane. U niemowląt urazy głowy mogą powstać w następstwie urazu porodowego, lecz są zazwyczaj następstwem upadku lub przemocy [10]. W drugim półroczu niemowlęta stają się bardziej ruchliwe, coraz sprawniej chwytają przedmioty, a następnie wkładają do ust (zadławienie). Przedszkolak wkłada do ust wszystko, co znajdzie, sprawdzając, co to jest narażając się na zadławienie lub połknięcie trujących substancji. Właśnie w okresie niemowlęcym oraz w wieku przedszkolnym, dom jest najczęstszym miejscem doznawania urazów przez dzieci.

Dzieci w wieku od 2 do 5 lat wykazują niezwykłą pomysłowość w swoich zabawach i potrafią włożyć do swojego przewodu słuchowego zewnętrznego lub nosa wiele przedmiotów, które pozornie nie powinny się tam zmieścić ze względu na swoje rozmiary. W wieku przedszkolnym ciekawość świata i wszystkiego, co nowe sprawia, że dziecko wchodzi na różnego rodzaju meble, krzesła i schody, co skutkuje upadkami z wysokości.

W wieku szkolnym następuje doskonalenie umiejętności ruchowych. Żądza przygód i wrażeń połączona najczęściej z niewłaściwą oceną ryzyka i konsekwencji, jest charakterystyczna dla tego wieku. Toteż w tym okresie życia bardzo często występują wypadki drogowe, komunikacyjne i utonięcia. Dominują upadki podczas jazdy na rowerze, motorowerze, deskorolce, łyżworolkach [9]. W Polsce i na świecie urazy są główną przyczyną zgonów dzieci, np. w wieku 10-14 lat stanowią 47 %, a wieku 15-19 lat – 65% zgonów [2].

Wykres 2. Porównanie ilości utonięć w latach 2005 – 2007 wśród dzieci do lat 18

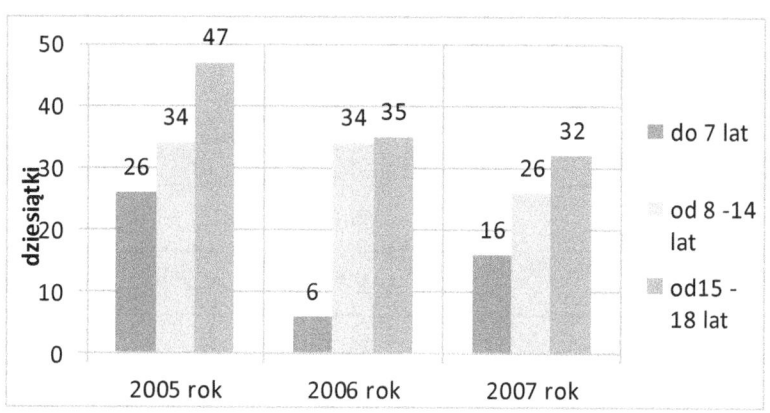

(Źródło: opracowanie własne na podstawie danych Komendy Głównej Policji 2008 r.)

W związku z dynamicznym rozwojem cywilizacji w krajach wysoko rozwiniętych rejestruje się systematycznie rosnącą liczbę urazów. Poza niekwestionowanymi korzyściami cywilizacja niesie ze sobą niekorzystne dla ludzkości skutki uboczne. Do tej kategorii możemy zaliczyć wzrost częstości występowania urazów czaszkowo – mózgowych. Spowodowane jest to między innymi szybkim rozwojem motoryzacji, zwiększaniem się gęstości zaludnienia w rozrastających się aglomeracjach miejskich [6,7].

Tabela 2. Ilość ofiar śmiertelnych wypadków drogowych w latach 1999-2006

Lata/wiek	0-6	7-14	15-17
2006	50	101	149
2005	59	114	165
2004	78	145	179
2003	57	184	168
2002	71	177	231
2001	74	164	217
2000	81	184	240
1999	102	186	259

(Źródło: Komenda Główna Policji 2008)

Tabela 3. Ilość rannych ofiar wypadków drogowych w latach 1999-2006

Lata/wiek	0-6	7-14	15-17
2006	1446	4311	3156
2005	1526	4565	3388
2004	1656	5227	3589
2003	1764	5401	3638
2002	1903	5582	4277
2001	2118	5945	4563
2000	2333	6703	5047
1999	2276	6603	4524

(Źródło: Komenda Główna Policji 2008)

Często bezmyślność opiekunów sprawia, że dziecko zostaje oparzone, gdyż położenie kawy czy też herbaty w zasięgu ręki dziecka powoduje, iż dziecko nie zdając sobie sprawy z zagrożenia sięga po napój, którym ulega poparzeniu. Przypadkowe oparzenia występują głównie w grupie dzieci od 6 miesięcy do 5 lat. U małych dzieci często dochodzi do poparzeń środkami żrącymi, które mogą wypić, jeśli są w miejscu niezabezpieczonym, dochodzi wtedy do poparzeń przewodu pokarmowego, a także oparzeń skóry lub oczu.

W grupie dzieci starszych oparzenie następuje wskutek nieuwagi i zabaw w miejscach nieodpowiednich. W starszej grupie wiekowej dominują oparzenia u chłopców, gdyż często nieodpowiednio obchodzą się ze sztucznymi ogniami, opakowaniami po różnego rodzajach sprayach (wrzucając je do ogniska lub zapalając w dłoni). Zdarzają się też oparzenia elektryczne, które powodują wiele powikłań, głównie narażeni są chłopcy w wieku 10 – 16 lat, którzy bezmyślnie wspinają się na słupy wysokiego napięcia lub niewłaściwie wykorzystują sprzęt zasilany prądem [8]. U dzieci starszych od 4 do 15 roku życia dominują urazy komunikacyjne i wypadki podczas jazdy rowerem. Urazy te charakteryzują się niestety w większości ciężkim przebiegiem klinicznym i często są powiązane z urazami wielonarządowymi. Doznane urazy mogą być przyczyną krótko i długotrwałej niepełnosprawności, inwalidztwa oraz absencji szkolnej młodzieży. W przypadku hospitalizacji wymagają niekiedy długotrwałej rozłąki z rodziną, a sprawowanie opieki nad chorym dzieckiem, wymusza absencję rodziców w pracy [16].

W skutek niedostatecznej opieki lub nierozważnego zachowania, dzieci małe jak i te większe narażone są na powstawanie różnego rodzaju ran. Dochodzi do nich przypadkowo lub w czasie zabawy (np. uderzenie kamieniem, przecięcie skóry nożem, upadek na betonową powierzchnię, rana w wyniku pogryzienia przez zwierzę, otwarte złamanie nogi). W obecnych czasach, w dobie pośpiechu, złej jakości dróg i starych samochodów oraz fatalnej jazdy kierowców w Polsce wzrasta ilość wypadków z udziałem dzieci. W 2008 roku w Polsce miało miejsce 5755 wypadków drogowych z udziałem dzieci w wieku 0-14 lat. Najliczniejszą grupę pieszych sprawców wypadków drogowych stanowiły dzieci w wieku 7-14 lat [14]. Najczęstszą przyczyną wypadków z udziałem dzieci jest nagłe wtargnięcie na jezdnię, wychodzenie zza pojazdu, przebieganie przez jezdnie w niedozwolonym miejscu [3].

Wykres 3. Sprawcy wypadków – piesi w grupie wiekowej od 0 – 14 lat w latach 2006 -2007

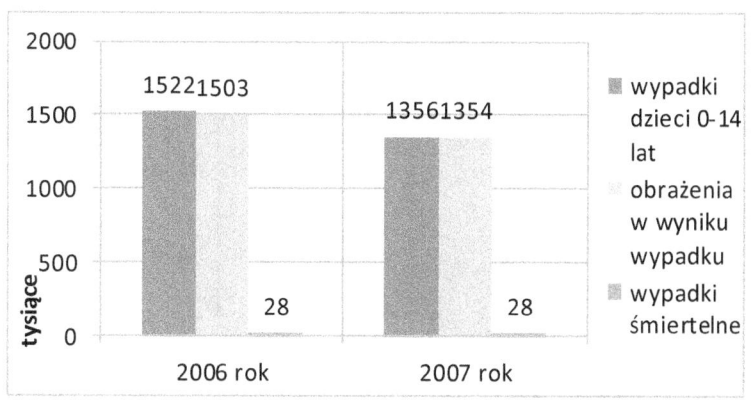

(Źródło: opracowanie własne na podstawie danych Komendy Głównej Policji 2008 r.)

Dzieci i młodzież jeżdżą coraz częściej na kładach czy skuterach i ulegają z tego powodu wypadkom. Zdarza się coraz częściej, że nawet 6 i 7-latki jeżdżą takimi pojazdami i doznają urazów głowy czy brzucha, a te urazy są najczęściej przyczyną długotrwałej rehabilitacji lub śmierci.

Wykres 4. Sprawcy wypadków – kierujący pojazdami w grupie wiekowej od 0 – 14 lat w latach 2006 -2007

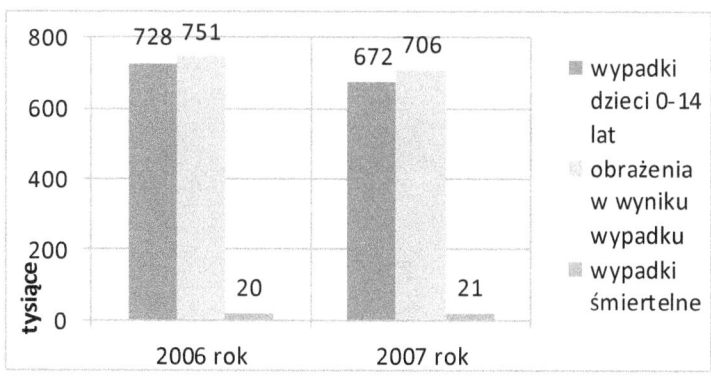

(Źródło: opracowanie własne na podstawie danych Komendy Głównej Policji 2008 r.)

Wykres 5. Wypadki drogowe i ich skutki z udziałem dzieci w wieku od 0 – 14 lat w latach 1998 do 2007 roku

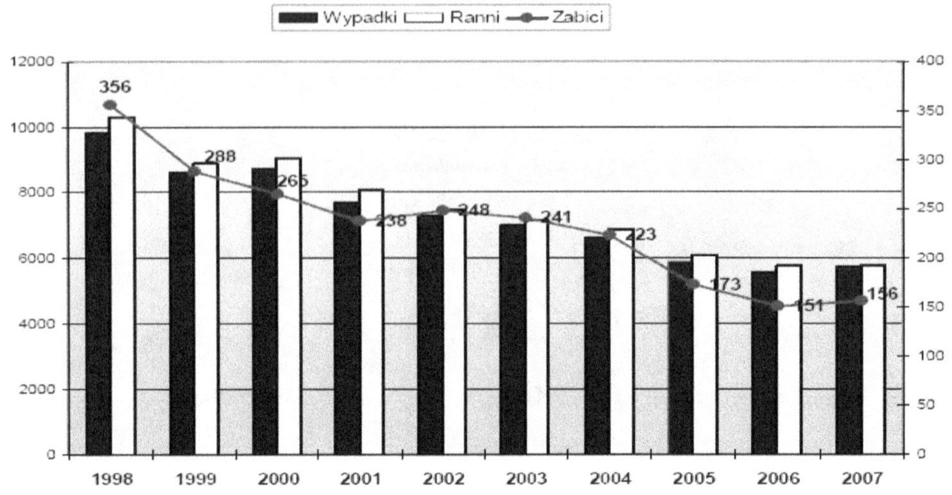

(Źródło: Komenda Główna Policji 2008 Biuro Prewencji i Ruchu Drogowego
Wydział Profilaktyki w Ruchu Drogowym. Wypadki Drogowe w Polsce w 2007 roku. Warszawa 2008)

Liczba urazów szkolnych zależy od wieku uczniów. W roku szkolnym 2006/2007 wypadkom uległo 112110 uczniów, w tym 63 ze skutkiem śmiertelnym, a w 696 przypadkach doszło do poważnych uszkodzeń ciała. Obrażenia najczęściej dotyczyły kończyn, potem głowy [13].

Postępujący rozwój techniki i mechanizacji prac na wsi powoduje wzrost liczby wypadków wśród dzieci. Bezmyślność dorosłych i przerzucanie obowiązków na nieletnich powodują wzrost urazów wskutek wypadków z udziałem maszyn.

Wśród dzieci poszkodowanych podczas wypadków z udziałem maszyn ponad ¾ (76,8%) stanowią chłopcy, a tylko 23,2% dziewczęta. Prawidłowość ta jest oczywista w związku ze znacznie częstszym udziałem chłopców niż dziewcząt w pracach rolnych różnego typu maszynami. Wiek dzieci także ma znaczenie w przypadku ilości wypadków, najczęściej ulegają im chłopcy w wieku od 11 – 15 lat [3]. Najczęstsze przyczyny urazów w rolnictwie spowodowane są upadkiem na śliskiej i nierównej powierzchni, wkręcenia kończyn w tryby pracujących maszyn, wskutek nieostrożności, braku doświadczenia, nieprawidłowej obsługi, źle zabezpieczonych elementów. Rany zadane przez spłoszone albo agresywne zwierzęta [15].

Rola i zadania pielęgniarki w opiece nad dzieckiem po urazie

Nieszczęśliwego wypadku nie można przewidzieć, zdarza się on niespodziewanie i w takim przypadku dziecko ani też rodzina nie są przygotowane do sytuacji kryzysowej, w której się znajdują. Wyjątek stanowią dzieci, które są maltretowane przez swoich najbliższych opiekunów one to są najbardziej poszkodowane gdyż to nie z własnej winy doznają urazu. Inna grupa dzieci to takie, które same sprowokowały sytuację, w której doznały obrażeń ciała (np. wchodzenie na słupy wysokiego napięcia, zabawy z materiałami wybuchowymi itp.) zdając sobie sprawę z konsekwencji, jakie mogą wynikać z niebezpiecznych zabaw. Pomimo wszystkich zaistniałych przyczyn wszystkie dzieci, które doznały różnorakich urazów w okresie tuż po urazie są przerażone i cierpiące. To w tym czasie trzeba położyć szczególny nacisk na serdeczny kontakt z najmłodszym pacjentem. Pielęgniarka powinna okazać troskę i ukazać dziecku, że jest tak samo kochane niezależnie od rodzaju i przyczyny powstania urazu, gdyż każde dziecko oczekuje uśmiechu, czułego słowa i profesjonalnych działań pielęgniarskich.

Do zadań pielęgniarki w opiece nad dzieckiem po urazie należy [4]:

- zapewnić spokojną i jasną salę, dostęp do łóżka z każdej strony, łóżko szpitalne o odpowiedniej regulacji wysokości (łóżko ustawiamy w zależności od potrzeby w danej jednostce chorobowej np. po urazie czaszkowo – mózgowym pozycja płaska z głową uniesioną pod kątem 30° - ułożenie to zapobiega obrzękowi mózgu, dziecko nieprzytomne układamy w pozycji bezpiecznej na boku – zapobiega ona zapadaniu się języka i zmniejsza ryzyko wystąpienia niedrożności górnych dróg oddechowych),

- zapewnienie bezpieczeństwa (odpowiednio zabezpieczone łóżko, barierki i płyny o temperaturze nie większej jak temperatura ciała, podawane w kubkach niekapkach, usuwamy z zasięgu dziecka przedmioty ostre i niebezpieczne, zorganizowanie sprzętu i urządzeń wspomagających samoobsługę i poruszanie się dziecka niepełnosprawnego, nauka prawidłowego wykorzystania sprzętu rehabilitacyjnego, nauka właściwego upadania, aby zminimalizować uszkodzenia ciała – po amputacji kończyny dolnej),

- regularna kontrola parametrów (tętna, temperatury, ciśnienia krwi, oddychania, stanu świadomości). Po urazach czaszkowo-mózgowych: kontrola źrenic – ich szerokość i reakcja, zwracanie uwagi czy nie występuje płynotok z nosa lub uszu, czy nie występują nudności, wymioty, bóle głowy,

- ocena nasilenia bólu (zgłoszenie lekarzowi i podanie środków przeciwbólowych w celu zniwelowania dolegliwości bólowych),

- ochrona dziecka przed samouszkodzeniem w wyniku napadów padaczkowych (monitorowanie przyjmowania leków, poinformowanie dziecka jak ma się zachowywać w przypadku wystąpienia objawów zwiastujących napad padaczkowy, zabezpieczenie łóżka, eliminacja ostrych przedmiotów, odpowiednie postępowanie w wypadku napadu padaczkowego),

- zwracanie uwagi na pozycję ciała lub kończyny (ułożenie ciała lub kończyny w zależności od przeprowadzonego zabiegu lub jednostki choroby, stosowanie udogodnień),

- karmienie dziecka i dostosowanie diety o ustalonej wartości kalorycznej (zależy od jednostki chorobowej),

- kontrola wypróżnień (pouczenie dziecka i opiekunów o możliwości wystąpienia wskutek małej aktywności fizycznej zaburzeń wydalania, zwrócenie uwagi na potrzebę uwzględnienia w jadłospisie pokarmów o dużej ilości błonnika, dieta odpowiednia do jednostki chorobowej),

- zmniejszenie uczucia lęku (zachęcenie dziecka do wyrażenia swoich uczuć i otwartego komunikowania się, wysłuchanie zwierzeń dziecka, wykorzystanie atrybutów dotyku podczas rozmowy, który wzmacnia nasze gesty. Wskazanie i omówienie następstw negatywnych mechanizmów obronnych na lęk jak ucieczka, agresja, tłumienie oraz wskazanie pozytywnych mechanizmów obronnych na lęk i korzyści wynikające z ich zastosowania na przykład rozmowa z zaufaną osobą spowoduje rozładowanie napięcia),

- kontrola ruchomości, czucia i krążenia obwodowego unieruchomionej kończyny w przypadku unieruchomienia na wyciągu szkieletowym lub gipsowym (stosowanie udogodnień i pomoc w zmianie pozycji ciała odpowiednio do jednostki chorobowej, pouczenie dziecka o zgłaszaniu objawów świadczących o ucisku – ból, mrowienie, sine zabarwienie skóry),

- podawanie leków na zlecenie lekarskie (poinformowanie dziecko o zamiarze podania leku, jaką drogą i celu, jaki ma osiągnąć, odpowiednie ułożenie dziecka do podania leku),

- umożliwić kontakt z rodzicami lub opiekunem dziecka (w miarę możliwości zapewnienie dziecku stałej obecności jednego z rodziców lub doprowadzenie do jak najczęstszych odwiedzin),

- pomoc w myciu lub codzienne obmywanie całego ciała, toaleta jamy ustnej, zmiana bielizny osobistej i pościelowej (zależy od stanu dziecka i jego samodzielności),

- stosowanie terapii relaksacyjnej (nauczenie dziecka wyważenia proporcji w skupianiu uwagi na chorobie i problemach jej towarzyszących, odwracanie uwagi dziecka od choroby i zorganizowanie w zależności od wieku, zajęć i odpowiednich form zabawy - czytanie bajek, układanie z dzieckiem puzzli, podanie czasopism, książek do czytania starszym dzieciom itp., zmotywowanie dziecka do nauczenia się wizualizacji tęczy, słuchania muzyki relaksacyjnej, śmiania się, co najmniej przez 10 minut dziennie),

- przeprowadzanie gimnastyki oddechowej w przypadku długotrwałego pobytu w łóżku (wyjaśnienie, dziecku celu i korzyści wynikających z ćwiczeń oddechowych, motywowanie do czynnego udziału w zabiegu, ułożenie w dogodnej pozycji uwzględniając stan ogólny dziecka, nauczenie prawidłowego rytmu oddychania w trakcie ćwiczeń, stosowanie udogodnień ułatwiających wykonywanie ćwiczeń),

- uruchamianie dziecka według zaleceń lekarza (zaplanowanie z dzieckiem zakresu ćwiczeń, który będzie zależał od jego stanu. Objaśnienie i pokazanie dziecku kolejnych ćwiczeń, które będzie wykonywało. Poinformowanie małego pacjenta o konieczności zgłaszania wszelkich dolegliwości występujących w trakcie lub po ćwiczeniach. Asystowanie i pomaganie dziecku podczas wykonywania ćwiczeń),

- wskazywanie dzieciom i rodzicom sposobów kompensacji zmienionego obrazu ciała zgodnie z poczuciem gustu i estetyki (dostarczenie informacji i przykładów rozwiązań możliwych do realizacji, które zwiększają nadzieję na pozytywne rozwiązanie problemu, skontaktowanie z psychologiem dziecięcym, rehabilitantem, protetykiem (w zależności od jednostki chorobowej na przykład, kiedy dziecko jest po amputacji lub ma blizny pooparzeniowe), zaprezentowanie dziecku i rodzinie możliwości i sposobów wsparcia (podanie nazw podmiotów, siedziby, wskazanie osób, z którymi należy nawiązać kontakt),

- zachowanie zasad aseptyki przy wykonywaniu zabiegów pielęgniarskich i zleceń lekarskich,

- edukacja dzieci i rodziców na temat sposobu zapobiegania urazom w przyszłości (określenie zakresu wiedzy i umiejętności niezbędnych dziecku i rodzicom w obecnym stanie zdrowia małego pacjenta, opracowanie formy przekazu, zaplanowanie terminu realizacji).

W środowisku dzieci: domu i najbliższym otoczeniu, w drodze do szkoły, szkole w miejscach zabaw i rekreacji i innych miejscach gdzie przebywają dzieci istnieje wiele zagrożeń dla zdrowia. Istnieje możliwość wyeliminowania bądź znacznego ograniczenia tych zagrożeń, jednak konieczna jest edukacja rodziców/ opiekunów i dzieci jako jeden z komponentów w prewencji urazów [11].

W celu poprawienia bezpieczeństwa najmłodszych należy uświadomić rodzicom [12]:

- ➢ konieczność stosowania fotelików dziecięcych w czasie przewożenia dzieci
- ➢ konieczność stosowania pasów bezpieczeństwa przez starsze dzieci
- ➢ ograniczenie prędkości samochodu szczególnie w miejscach, gdzie mogą przechodzić przez jezdnię dzieci (szkoły, boiska, kościoły, place zabaw, parki, osiedla)
- ➢ bezpieczne przechodzenie przez jezdnię i zachowanie się nad wodą, (stosowanie kamizelek ratunkowych przez opiekunów daje przykład dzieciom)
- ➢ zakup dla swoich dzieci kasków rowerowych z atestem
- ➢ zapisanie dzieci na lekcje pływania w celu doskonalenia umiejętności pływackich
- ➢ zastosowanie mechanizmów zabezpieczających okna, uniemożliwiających otwarcie je przez dziecko
- ➢ zabezpieczenie schodów w domach prywatnych poprzez założenie bramki i balustrady o odpowiednim wypełnieniu (gęstość elementów wypełnienia)

- wyeliminowanie chodzika dla dziecka lub zakup takiego, aby był odpowiednio mobilny
- zabezpieczenie miejsc pod sprzętami na placu zabaw poprzez wyścielenie ich piaskiem lub korą (około 23-31cm) i odpowiednie przymocowanie do podłoża, optymalna wysokość sprzętów do zabaw do 1,5 metra,
- w przypadku stosowania ogrzewaczy wody, ustawienie bezpiecznej temperatury,
- zakaz stosowania otwartych urządzeń grzewczych,
- zainstalowanie w domu czujników dymu,
- zabezpieczenie przed dziećmi zapalniczek, zapałek, środków łatwopalnych,
- ubieranie dzieci w bieliznę nocną z naturalnych surowców (są mniej łatwopalne),
- zakaz kupna dzieciom fajerwerków i materiałów pirotechnicznych,
- gotowanie i odstawianie gorących płynów poza zasięg ręki dziecka,
- bezpieczne przechowywanie substancji trujących i toksycznych, w opakowaniach oryginalnych, pod zamknięciem, stosowanie opakowań uniemożliwiających otwarcie je przez dzieci,
- bezpieczne przechowywanie lekarstw (najlepiej pod zamknięciem),
- zakaz dawania małym dzieciom do zabawy monet, małych zabawek (np. klocki lego, koraliki, guziki, spinaczy) i produktów spożywczych (fasola, groszek, małe cukierki)- możliwość zadławienia,
- wybierać zabawki dla dziecka z atestem i odpowiednie do wieku,
- karmienie dziecka produktami odpowiednimi do ich wieku (za małe i twarde produkty mogą być przyczyną zadławienia dziecka np. drobne cukierki, orzeszki),
- wyuczenie dziecka aby posiłek spożywało w pozycji siedzącej przy stole (w przypadku kiedy dziecko biega - możliwość zadławienia się),
- umiejętność udzielania pierwszej pomocy w przypadku zadławienia, oparzenia, urazu u dziecka.

Systematyczne **uświadamianie rodzicom, opiekunom oraz dzieciom bezpiecznego zachowania się** w czasie zabaw i życia codziennego **sprawi, iż ilość wypadków**, którym ulegają dzieci **zmniejszy się,** a nasze pociechy będą zdrowo się rozwijać. Rodzice powinni nieustannie pogłębiać świadomość tego, jak uczyć dzieci bezpiecznych zachowań, jak wykształcić w nich umiejętność unikania sytuacji stawania się ofiarą przestępstwa lub proszenia o pomoc w chwili zagrożenia.

Piśmiennictwo:

1. Bujak F.: Maszyny rolnicze jako źródło wypadków wśród dzieci. Medycyna Ogólna. 1999;5 (2):173-176.
2. Herda J., Pawka B., Dreher P.: Wypadki, urazy i zatrucia w populacji dzieci i młodzieży. Probl Hig Epidemiol. 2006; 87 (supl.): 31.
3. Karski J.: Statystyka wypadków w Polsce. Służba Zdrowia. 2001; 94-95:14 – 16.
4. Kirschnik O. Pielęgniarstwo. Wydanie I. Urban & Partner .Wrocław 2001 s.260-263.
5. Malinowska- Cieślik Marta, Czupryna Antoni: Wypadki i urazy dzieci w wieku szkolnym w Polsce. Zdrowie Publiczne. 2002;112 (4) s.507.
6. Mandera M., Wencel T.: Urazy czaszkowo – mózgowe wieku dziecięcego. Neurologia Neurochirurgia Polska. 1998;32 (3) s.652.

7. Marszał E., Emich –Widera E. Szczygieł A. Garbacz M. Urazy głowy u dzieci w wieku przedszkolnym i szkolnym-ich przyczyny, diagnostyka i uwarunkowania społeczne. Neurologia Dziecięca. 2004;13 (26):38.
8. Mossakowska B., Kiljan –Kruk B., Komar K.: Termiczne i elektryczne urazy rąk u dzieci. Rocznik Dziecięcej Chirurgii Urazowej. 2000;3:.41-42.
9. Pirogowicz I. Klimek K. Pirogowicz P. Steciwko A. Urazy głowy u dzieci – możliwości profilaktyki. Family Mecdicine & Primary Care Review. 2006;8 (3):1041.
10. Porębska A., Pluszczyńska J.: Urazy głowy u dzieci do 1 roku życia. Polski Przegląd Chirurgiczny.1999;71 (9):950.
11. Woynarowska B. Edukacja zdrowotna. Wydawnictwo naukowe PWN Warszawa 2007 s.325
12. www.childsafetyeurope.org/csi/eurosafe2006.nsf/0/CA6F8190E0B31E1EC1257399002B8658/$file/Raport_dla_Polski_2007.pdf.
13. www.enhis.pl/index.php/main/index/2-1-2-3/wypadki_w_szkole.html.
14. www.policja.pl/dokumenty/zalaczniki/1-46733.pdf.
15. Zięba A., Dzbanuszek J., Steciwko A.: Wypadki i urazy u dzieci wiejskich na terenie województwa legnickiego w latach 1993-2000. Polska Medycyna Rodzinna 2001;3 (4):309.
16. Żyniewicz H., Marcinkowski J.T.: Wypadki i urazy u dzieci i młodzieży w świetle materiałów pogotowia ratunkowego w Poznaniu. Roczniki Pomorskiej Akademii Medycznej w Szczecinie 2005;51supl.:147.

Rola pielęgniarki w opiece nad dzieckiem z krwawieniem z górnego odcinka przewodu pokarmowego

Anna Męcik

Krwawieniem z przewodu pokarmowego nazywamy wynaczynianie krwi do jego światła objawiające się wymiotami i / lub stolcami z krwią lub jej domieszką. Masywne krwawienie z utratą powyżej 30 % objętości krążącej krwi stanowi bezpośrednie zagrożenie życia. Niewielkie, ale powtarzające się krwawienia prowadzą do niedokrwistości z niedoboru żelaza [10]. Krwawienia z przewodu pokarmowego u dzieci wymagają bezpośredniej interwencji lekarskiej. Opieka pielęgniarska musi w tym przypadku objąć wszystkie problemy pielęgnacyjne, jakie wiążą się z pobytem chorego dziecka w szpitalu. Maleńki pacjent powinien zostać otoczony pełną a zarazem fachową opieką.

W literaturze istnieje podział krwawień ze względu na:

1. Lokalizację:
   a. górny odcinek przewodu pokarmowego obejmujący: jamę ustną, przełyk, żołądek, część dwunastnicy,
   b. dolny odcinek przewodu pokarmowego obejmujący: jelito grube, odbyt.

   Umowną granicę między tymi krwawieniami wyznacza więzadło Treitza.

2. Charakter krwawienia:
   a. ostre (nagłe) - jest nazywane krwotokiem lub intensywnym krwawieniem z przewodu pokarmowego. O krwawieniu ostrym mówimy wtedy, gdy jednorazowa utrata krwi przekracza 500 mililitrów.
   b. przewlekłe - gdy utrata dzienna krwi wynosi 50 mililitrów.
   c. utajone - może trwać tygodniami, miesiącami a nawet latami, charakteryzuje się niewidocznym makroskopowo krwawieniem, dodatnim testem na obecność krwi utajonej w kale lub cechami niedokrwistości z niedoboru żelaza. Krwawienie to jest zazwyczaj niezauważalne dla pacjenta lub jego rodziny [10].

Krwawienie może też występować wtórnie w stosunku do uszkodzenia anatomicznego (owrzodzenia, wgłobienie, guz) działania toksycznego, (aspiryna, żelazo) zaburzeń krzepnięcia (obniżenie liczby płytek, wydłużenie PT lub PTT) lub z powodu niewydolności narządów wewnętrznych (niewydolność wątroby, krwawienie z żylaków przełyku, uszkodzenia wielonarządowe z wtórną martwicą).

Objawy krwawień zależą od miejsca i lokalizacji krwotoku, zaliczamy do nich:

- krwawe wymioty haematemesis - są jednoznaczne z wymiotowaniem krwią.

Kolor krwi zależy od stężenia kwasu solnego w żołądku oraz czasu jego kontaktu z krwią. Krew jest czerwona, świeża i niezmieniona, gdy krwawienie rozpoczęło się niedawno, a jego źródło znajduje się z dala od kwasów żołądkowych. Krew jest ciemnoczerwona, brązowa lub czarna, jeśli doszło do kontaktu z kwasami żołądkowymi lub enzymami trawiennymi i hemoglobina uległa oksydacji do hematyny.

- fusowate wymioty - są następstwem strącania skrzepów krwi i jej degradacji przez kwasy,
- smoliste stolce - zawdzięczają swą nazwę czarnej barwie i smolistej konsystencji. Do powstania smolistego stolca potrzebne jest 50 ml krwi [4].

Należy wziąć pod uwagę możliwość zafałszowania oceny ponieważ po spożyciu buraków lub czerwonego barszczu stolec może mieć zabarwienie czerwone. Spożycie czarnych jagód, szpinaku, przyjmowanie preparatów żelaza lub bizmutu może powodować smoliste zabarwienie stolca.

- stolec zmieszany z krwią - pojawia się w przypadku masywnych krwawień,
- spadek ciśnienia i wzrost tętna,
- bladość skóry,
- zawroty głowy,
- nieprawidłowe wyniki krwi (niedokrwistość) [8],
- utrata przytomności.

Skutki krwawień zależą od ilości utraconej krwi, szybkości jej utraty, tego czy krwawienie ustąpiło, czy trwa nadal lub szybko nawraca. Bardzo ważny jest stan wyjściowy chorego tzn. wartość morfologiczna krwi przed wystąpieniem krwawienia oraz choroby towarzyszące (choroby układu sercowo-naczyniowego, oddechowego stan wydolności nerek).

- utrata 500 ml krwi u młodej zdrowej osoby w ciągu 15 minut może nie powodować żadnych konsekwencji dowodem na potwierdzenie tej tezy są dawcy krwi,
- utrata około 1 litra krwi w tym samym czasie powoduje istotne przyspieszenie akcji serca spadek ciśnienia tętniczego i uczucie osłabienia,
- utrata około 2 litrów krwi powoduje wstrząs hipowolemiczny, a przy braku szybkiej pomocy śmierć,
- uważa się, że utrata 50% krwi krążącej w ciągu 10 godzin powoduje śmierć około 10% chorych niezależnie od sposobu ich leczenia [2].

Postępowanie lecznicze w krwawieniu z przewodu pokarmowego zależy od nasilenia krwawienia. Obfity krwotok stanowi bezpośrednie zagrożenie życia, może przebiegać ze wstrząsem hipowolemicznym. W przypadku krwawienia przewlekłego, do którego pacjent jest dobrze zaadoptowany należy dążyć do wykrycia i leczenia przyczyny krwawienia. W przypadku krwawienia ostrego, będącego zagrożeniem życia, zasady leczenia są takie same bez względu na jego przyczynę.

Krwotok z przewodu pokarmowego wymaga natychmiastowej hospitalizacji. Chory z ostrym krwawieniem powinien być objęty szczególną opieką i obserwacją pielęgniarki i lekarza gdyż jest to stan zagrożenia życia. Chory wymaga intensywnego nadzoru, z monitorowaniem podstawowych parametrów życiowych (czynność serca, ciśnienie tętnicze krwi, tętno obwodowe, saturacja, diureza). Pacjenta wymiotującego krwią należy ułożyć na boku, zapewnić drożność dróg oddechowych, aby nie dopuścić do zachłyśnięcia się krwią. Konieczny jest dostęp do kilku żył, wskazane jest dojście centralne. Należy oszacować utratę krwi i stan perfuzji na podstawie objawów życiowych [10]. Uzupełniamy utraconą krew początkowo płynami z przewagą koloidów, a następnie przetaczamy krew lub masę krwinkową. U chorych z krwawieniem w przebiegu nadciśnienia wrotnego uzupełnianie strat krwi musi być bardzo ostrożne, ponieważ nadmierne wypełnienie łożyska naczyniowego wzmaga krwawienie. Choremu zakładamy sondę żołądkową ponieważ ułatwia ona kontrolowanie krwawienia, umożliwia płukanie żołądka (wskazana jest sól fizjologiczna lub Gastrotrombina). U chorych z podejrzeniem żylaków przełyku wprowadzenie sondy grozi podrażnieniem żylaków. Choremu podajemy tlen do oddychania gdyż stężenie hemoglobiny może być małe.

W krwawieniu ze środków farmakologicznych podajemy H2 blokery: ranitydyna w dawce 2* 0.7- 1 mg/kg masy ciała lub inhibitory pompy protonowej. Wskazaniem do zastosowania tych leków jest zapalenie przełyku, krwotoczne zapalenie błony śluzowej żołądka lub dwunastnicy, oraz nadżerki i owrzodzenia żołądka i opuszki dwunastnicy. Wspomagające znaczenie mają leki osłaniające błonę śluzową przewodu pokarmowego (sukralfat, siemię lniane) i alkalizujące.

W krwotokach z górnego odcinka przewodu pokarmowego należy w trybie pilnym, ale po wyrównaniu stanu ogólnego chorego wykonać badanie endoskopowe. Endoskopia ma znaczenie diagnostyczne i lecznicze. W krwotokach z żylaków przełyku stosujemy sklerotyzację żylaków lub endoskopowe podwiązanie żylaków. Leczenie endoskopowe uzupełniamy farmakoterapią. Niepowodzenie metod endoskopowych jest wskazaniem do zastosowania tamponady żylaków sondą Sengstakena. W przypadku utrzymującego się krwawienia mimo zastosowania powyższych metod konieczne jest leczenie operacyjne (podwiązanie żylaków, transekcja przełyku).

ASPEKTY PRACY PIELĘGNIARSKIEJ WPŁYWAJĄCE NA JEJ EFEKTYWNOŚĆ

Pobyt w szpitalu zawsze wywołuje u dzieci niepokój i lęk przed nieznanym albo lęk przed powtórzeniem się wcześniejszych doświadczeń, przed zabiegiem, bólem, rozdzieleniem z najbliższymi osobami. Hospitalizacja jest dla dziecka źródłem cierpienia fizycznego i psychicznego. Mały pacjent w szpitalu czuje się na ogół bezradnie i jest zagubiony, dlatego też potrzebuje szczególnej uwagi, życzliwości i troski. Osobą, która ma najczęściej kontakt z chorym dzieckiem jest zwykle pielęgniarka. I to ona właśnie poprzez budowanie relacji opartej na aktywnym słuchaniu, okazywaniu empatii i ciepła oraz zaspakajaniu emocjonalnych i poznawczych potrzeb dziecka może wspierać je w radzeniu sobie z trudną sytuacją [7]. Dzieci w szpitalu mają kontakt z obcym otoczeniem, z obcymi budzącymi lęk ludźmi, zabiegami, bólem i cierpieniem. Dlatego też mały pacjent szuka oparcia w pielęgniarce, od której oczekuje zapewnienia bezpieczeństwa oraz ulgi w cierpieniu. Aby odwrócić uwagę dziecka od hospitalizacji oddziały pediatryczne są bajkowo pomalowane, zaopatrzone w kolorową pościel. Na oddziałach są świetlice w których dzieci mogą się bawić, spotykać z innymi dziećmi. W ramach różnych fundacji organizowane są spotkania z aktorami, piosenkarzami.

Cechą małych dzieci jest to, że nie ufają obcym dorosłym, a więc zdobycie ich zaufania jest nie lada sztuką. Pielęgniarka może zapewnić wsparcie tylko wówczas, gdy zdoła stworzyć pewną więź z pacjentem. Opieka pielęgniarska nad chorym dzieckiem w szpitalu to pielęgnowanie zarówno dziecka jak i jego rodziców. Obecnie rodzice mają możliwość przebywania z dzieckiem w czasie hospitalizacji, co zmniejsza u małych pacjentów stres związany z leczeniem, wykonywanymi badaniami, zabiegami. Należy dołożyć starań, aby stworzyć rodzicom dogodne warunki przebywania przy dziecku.

Istotą pielęgnowania jest pomaganie dziecku i wspieranie jego rodziców w celu przywracania i umacniania zdrowia dziecka [6]. Z chwilą przyjęcia dziecka do szpitala między personelem a rodzicami ma miejsce nawiązanie relacji, od której będzie zależeć zaufanie rodziców do pielęgniarki. Pierwszy kontakt z dzieckiem powinien być przyjazny, szczery i nacechowany zrozumieniem. Porozumienie się pomiędzy pielęgniarką a dzieckiem i jego rodzicami stanowi ważny element współpracy w zakresie opieki nad dzieckiem hospitalizowanym w oddziale.

Dziecko, które trafia do oddziału gastroenterologii w ciągu 24 godzin ma tworzony plan opieki pielęgniarskiej. Polega on na formułowaniu problemów pielęgnacyjnych pacjenta i zaplanowaniu odpowiednich działań. Dzięki informacjom od rodziny ustalone zostają przyzwyczajenia, indywidualne i rozwojowe możliwości dziecka, a także zachowanie codziennego rytmu dnia niemowlęcia/ dziecka w warunkach szpitalnych np. pory snu, posiłków [5].

Ustalenie planu opieki nad dzieckiem w warunkach szpitalnych oraz wdrożenie odpowiednich metod rozwiązania to jednak nie wszystko. Na efektywność pracy pielęgniarki ma również wpływ sposób, w jaki wykonuje ona swój zawód, jakość świadczonej pomocy pielęgniarskiej. Potrzeby dziecka należy postrzegać indywidualnie i realizować zarówno w sferze biologiczno-fizycznej, jak i psychicznej.

Nadmiar pracy i obowiązków pielęgniarki nie może być przyczyną niekompetencji i niedokładności w pielęgnowaniu dziecka.

Wiedza teoretyczna i umiejętności manualne mają dla jakości pracy ogromne znaczenie, lecz również bardzo ważne jest podejście pielęgniarki do chorego dziecka.

Osobowość pielęgniarki pediatrycznej rozumiana jest jako zespół następujących cech: autentyczność, otwartość, wrażliwość, cierpliwość, samozaparcie, wewnętrzna uczciwość, życzliwość, serdeczność, tolerancja oraz poszanowanie godności osobistej małego pacjenta. Do umiejętności pielęgniarki pediatrycznej należy umiejętność obserwacji, zdolność do empatii, okazywanie ciepła emocjonalnego, aktywne słuchanie małego pacjenta i jego opiekuna. Nie bez znaczenia jest również kultura osobista pielęgniarki. Przejawia się ona w nastawieniu do pacjenta, jego rodziny oraz współpracującego personelu medycznego. Dobra atmosfera i przyjazny klimat udziela się dookoła i w dużej mierze stanowi o powodzeniu i skuteczności zawodu pielęgniarki [1]. Na złagodzenie stresu związanego z hospitalizacją dziecka ma również wpływ klimat oddziału. Otoczenie powinno być przystosowane do potrzeb dzieci np. kolorowe sale, bajkowe postacie, optymistyczne plakaty, kolorowa pościel i piżamy. Zabawki i pamiątki z domu mogą mieć głębokie zabarwienie emocjonalne dla dzieci.

Opieka pielęgniarska nad dzieckiem z krwawieniem z przewodu pokarmowego wymaga odpowiedniego przygotowania teoretycznego jak i zdolności rozpoznawania problemów pielęgnacyjnych. Problemy te wiążą się nie tylko z samym krwawieniem, ale również ze schorzeniami towarzyszącymi.

Opieka nad chorym dzieckiem nie jest łatwą pracą, ale efekty tej pracy dają bardzo dużą satysfakcję. Nie ma chyba lepszego podziękowania za trud jak uśmiech dziecka [3].

Piśmiennictwo:

1. Dymarczyk B.: Pielęgniarka- zawód czy powołanie. Nasze sprawy 2004; 5.
2. Gabrielewicz A.: Gastroenterologia w praktyce. Wydawnictwo Lekarskie PZWL. W-wa 2002.
3. Gieniusz- Wojczyk L.: Nawiązanie kontaktu oraz oddziaływanie na stan psychiczny dziecka. Nasze Sprawy. 2010; 2 (197): 20-21
4. Gremer M., Krejs G., Madsen J., Isselbacher K.: Gastroenterologia i hepatologia. Lublin 2003.
5. http/www.ask.am.wroc.pl./informator_htm_30. 12 .2009.
6. Krawczyk L., Kulpa, Maicka M.: Orientacja zawodowa. Wydawnictwo Szkolne PWN Warszawa 1999.
7. Matecka M.: Wsparcie emocjonalne informacyjne jako formy oddziaływania pielęgniarki na stan psychiczny dziecka hospitalizowanego Pielęgniarka Pol. 2004; 1, 2: 19-23
8. Matysiak M. Niedokrwistości wieku dziecięcego. Klinika Pediatryczna. 2009; 17; 5.
9. Rakowska- Róziewicz D.: Wybrane standardy i procedury w pielęgniarstwie pediatrycznym". Wyd. Czelej Lublin 2001.
10. Teisseyre M.: Krwawienie z przewodu pokarmowego u dzieci. Stand. Med. Lek. Pediatr. 1999.:1(2).

Rola pielęgniarki w opiece nad dzieckiem z płodowym zespołem alkoholowym

Justyna Misiewicz

Badania nad Płodowym Zespołem Alkoholowym FAS (ang. Fetal Alcohol Syndrome) – trwają na świecie od wielu lat. Jest to schorzenie przejawiające się u dzieci rozmaitymi wadami rozwojowymi m.in. serca, stawów, uszkodzeniami neurologicznymi, opóźnieniami rozwoju fizycznego i psychicznego, zaburzeniami zachowania, nadpobudliwością psychoruchową. Skutkami tych nieprawidłowości mogą być u dziecka trudności z uczeniem się, koncentracją uwagi, pamięcią i zdolnością do rozwiązywania problemów, brak koordynacji ruchowej i zaburzenia mowy.

Uszkodzenia typu FAS mają wpływ nie tylko na rozwój intelektualny, ale także społeczny. Osoby cierpiące na FAS nie są w stanie wziąć odpowiedzialności za własne życie, często łamią prawo i latami są skazane na pomoc różnych instytucji.

Jednakże tego schorzenia można uniknąć, gdyż FAS występuje jedynie u osób, których matki spożywały alkohol w czasie ciąży. Każda wypita ilość alkoholu od początku trwania ciąży aż do porodu, to ryzyko wystąpienia zespołu FAS u potomstwa [8].

W Polsce szacuje się, że rocznie rodzi się około 900 dzieci z pełnoobjawowym FAS, natomiast aż 10-krotnie więcej dzieci przychodzi na świat z innymi podalkoholowymi uszkodzeniami płodu FAE, to więcej niż liczba rodzących się dzieci z zespołem Downa (1 na 700 urodzeń).

Badania na zlecenie PARPA (2005) wykazują, że co 3 kobieta (33%) w wieku 18-40 lat spożywa alkohol w ciąży, a około 53% z nich uważało, że picie alkoholu w czasie ciąży jest szkodliwe [4].

Historia badań nad płodowym zespołem alkoholowym sięga lat 50 ubiegłego stulecia. Wówczas to D. Papara – Nicholson (USA) przeprowadziła badania na ciężarnych świnkach morskich. Badania dowiodły, że świnki, u których podawano alkohol różnią się (niska masa urodzeniowa, trudności z przemieszczaniem się, ruchy mało skoordynowane, trudności ze ssaniem i jedzeniem). Obserwacje te potraktowano jako pierwsze studium neurobehawioralnych skutków spowodowanych wpływem alkoholu na płód.

Nieco później, bo w 1968 r. S. Sandor (Rumunia) – wstrzykiwał alkohol do wnętrza kurzych jaj. U kurcząt zaobserwował deformacje i opóźnienie wzrostu.

W kolejnych latach (1971 r.) publikował podobne badania przeprowadzone na szczurach. Świat naukowy został zaalarmowany, że odkrycie to dowodzi, iż istnieje poważne niebezpieczeństwo prenatalnego zatrucia alkoholem podczas wczesnej ciąży u ludzi. Badania te kontynuowano. W 1973r. K. Lyons Jones oraz D. Smith (USA) skupili swoją uwagę na obserwacji grupy matek uzależnionych od alkoholu. Zdiagnozowano wówczas zespół zaburzeń wraz z charakterystycznymi cechami wyglądu twarzy. Wówczas to nadano wadom rozwojowym cech zespołu FAS, czyli Płodowego Zespołu Alkoholowego. Kolejni badacze (Goodlett i West) przeprowadzili szereg badań na szczurach wysuwając wniosek, iż nawet minimalna dawka alkoholu może mieć wpływ na budowę układu nerwowego. Sformułowano tezę, że jedynie całkowite powstrzymanie się od spożywania alkoholu w ciąży, chroni noworodka przed wystąpieniem zespołu FAS [12]. Pod koniec lat 90 ubiegłego stulecia określono trzy różne jednostki chorobowe związane z prenatalną ekspozycją na alkohol

- FAS,
- Częściowy FAS,
- ARND – neurorozwojowe zaburzenia zależne od alkoholu, a w 2000r. dodano
- FASD – termin określający szeroki zakres skutków jakie mogą wystąpić u dzieci, których matki spożywały alkohol w okresie ciąży [7].

FAS jest embriopatią spowodowaną oddziaływaniem alkoholu na komórki płodu. Uważa się, że czynnikiem teratogennym jest etanol i aldehyd octowy powodujące zmiany w metabolizmie prostaglandyn, hormonów i DNA, a także Zn, Cu, Mg, hamujące podział i wzrost komórek embrionalnych. Zaburzeniu ulega transport aminokwasów i witamin przez łożysko.

Występowanie FAS zależy od dawki alkoholu oraz częstości ekspozycji na jego działanie, ale czynnikiem decydującym jest przede wszystkim wiek płodu, w którym do tych ekspozycji doszło [5].

Najbardziej narażony jest płód w okresie zarodkowym, czyli do ósmego tygodnia życia. W tym czasie pojawia się najwięcej uszkodzeń embrionu, a ponadto istnieje bardzo wysokie ryzyko poronienia [2].

W pierwszym trymestrze ciąży alkohol może spowodować u płodu:

> poronienie, poważne uszkodzenie mózgu, uszkodzenie wątroby, nerek, serca, zaburzenia rozwoju komórek, zaburzenia narządu wzroku, deformacje twarzy.

W drugim trymestrze ciąży alkohol może wywołać

> poronienie, organiczne uszkodzenie mózgu, uszkodzenia komórek mięśni, skóry, zębów, gruczołów, kości.

W trzecim trymestrze alkohol może spowodować:

> zaburzenia rozwoju mózgu i płuc, opóźnienia przyrostu wagi płodu i przedwczesny poród [3].

Aby można było zdiagnozować pełnoobjawowy FAS konieczne jest rozpoznanie objawów z trzech głównych grup zaburzeń: upośledzenia wzrostu przed i po urodzeniowego z obniżoną masą ciała i/ lub zmniejszonym obwodem głowy, zaburzeniami OUN, a także co najmniej dwa z objawów w obrębie twarzoczaszki. Ponadto wymagane jest stwierdzenie ekspozycji na alkohol w okresie prenatalnym.

W czasie identyfikacji zaburzeń wywołanych u dziecka alkoholem spożywanym przez matkę w czasie ciąży postawiona diagnoza często wyklucza występowanie pełnoobjawowego FAS. Wtedy rozpoznanie choroby może dotyczyć zespołu dolegliwości określanych jako Alkoholowy Efekt Płodowy (FAE), (ang Fetal Alcohol Effects). Termin ten w literaturze badawczej stosowany jest, aby określić częściowy FAS – (p. FAS – Partial Fetal Alcohol Syndrome).

p. FAS określa niektóre charakterystyczne dla FAS cechy wyglądu twarzy oraz opóźnienia wzrostu lub uszkodzenia mózgu (zaburzenia zachowania i uczenia się).

Częściowy FAS trudniej zdiagnozować z powodu mniejszych uszkodzeń i mniej natężonych objawów, dlatego dzieci z p. FAS często są traktowane jako zdrowe, a nie-możność spełnienia przez nie narzuconych norm społecznych powoduje frustrację, która doprowadza do zaburzeń zachowania [6].

Objawy kliniczne dziecka z FAS są bardzo charakterystyczne. Do powstania dysmorfii twarzy dochodzi już w ciągu pierwszych ośmiu tygodni ciąży. Budowa takiej twarzy charakteryzuje się małymi szeroko rozstawionymi oczami, opadającymi powiekami. Nos dziecka jest krótki z niską nasadą, zwykle zadarty. Można zaobserwować płaskie policzki, warga górna jest cienka oraz cofnięty podbródek.

Obserwuje się również wydatne czoło i niezwykle duży odstęp między nosem, a ustami pozbawiony charakterystycznego rowka w części centralnej. Natomiast uszy dziecka są nisko osadzone, często ustawienie ich jest niesymetryczne.

U dzieci z FAS występują zaburzenia wzrostu jak i masy ciała. Dzieci te pomimo prawidłowego odżywiania się są małe i chude z niezwykle małą głową. Powolny przyrost obwodu głowy spowodowany jest powolnym zwiększaniem się wymiarów mózgu. Wady stawów i kończyn występują częściej u dzieci z FAS niż w populacji ogólnej. Do wad tych zalicza się deformację małych stawów rąk oraz występowanie niepełnej rotacji w stawie łokciowym. U dzieci obciążonych FAS stwierdza się również zwiększone ryzyko występowania wad serca. Należy tutaj wymienić ubytek w przegrodzie międzyprzedsionkowej, międzykomorowej oraz wady w budowie naczyń krwionośnych. Występują również wady wrodzone nerek. Do nich należy zaliczyć nieprawidłowo ukształtowane nerki, przewody moczowe oraz wodonercze. Może wystąpić również rozszczep wargi, podniebienia oraz kręgosłupa, który zdarza się od pięciu do sześćdziesięciu razy częściej u dzieci narażonych na alkohol, niż w populacji ogólnej.

Uszkodzenia ośrodkowego układu nerwowego u dzieci z FAS mogą być spowodowane nieprawidłowościami w budowie wszystkich części układu nerwowego, zaburzeniami w dojrzewaniu komórek nerwowych, zaburzeniami w biochemii mózgu oraz śmiercią komórek w rozwijającym się mózgu. W wyniku tych nieprawidłowości może powstać wiele problemów tj. upośledzenie zdolności uczenia się, obniżenie poziomu inteligencji, niewłaściwe lub nietypowe zachowanie się. Uszkodzenia ośrodkowego układu nerwowego mogą również objawiać się opóźnieniem rozwoju mowy, zdolnościami werbalnymi oraz zaburzeniami snu i odżywiania [1,9,11].

U większości noworodków występuje brak odruchów ssania, problemy z połykaniem i karmieniem. Dziecko jest płaczliwe, nerwowe. Ma kłopoty z zasypianiem, często występują zaburzenia snu, sen płytki, niespokojny. U dziecka z FAS występuje nadwrażliwość na dźwięk i światło. Zaburzenia dotyczą także sfery emocjonalnej, charakteryzują się tym, że dziecko nie rozpoznaje głosu bliskiej osoby, nie uspokaja się po przytuleniu.

U starszych dzieci dołączają się kolejne objawy. Dzieci wykazują zaburzenia w rozwoju języka, mają ubogie słownictwo, nie potrafią mówić pełnymi zdaniami, nie posługują się wszystkimi częściami mowy, zaimkiem „ja", nie potrafią mówić wyraźnie. Często występują zaburzenia związane z rozwojem sensorycznym, nadwrażliwością i niedoczuciem na bodźce. Nie potrafią być samodzielne w prostych czynnościach dnia codziennego.

Nie sygnalizują i nie załatwiają samodzielnie potrzeb fizjologicznych. Nie potrafią rozpoznawać przedmiotów wg ich użycia. Mają kłopoty z odczuwaniem dystansu do osób obcych, nie potrafią rozróżnić nieznajomych od swoich. Wykazują zaburzenia odczuwania łaknienia, dlatego często u tych dzieci występuje niedowaga.

Dzieci w wieku szkolnym nie potrafią zaadoptować się w grupie rówieśników, nie mają przyjaciół, a jeżeli już to nie na długo, ponieważ nie potrafią jej utrzymać. Mają kłopoty z pamięcią, dlatego uczą się powoli. Nie potrafią nauczyć się czytania i pisania. Często mają problemy z matematyką, nie potrafią dodawać i odejmować, mają problemy ze zrozumieniem przestrzeni, czasu i wartości pieniędzy. Kłopot sprawia im abstrakcyjne myślenie oraz rozumienie pojęć. Słabiej uczą się poprzez doświadczenie – nie uczą się na błędach.

W okresie dojrzewania obserwuje się zanik dysmorfii twarzy i czasem nadmierny przyrost wagi ciała zwłaszcza u dziewczynek. U nich także występują zaburzenia w miesiączkowaniu. Często występują kłopoty z rozumieniem kontekstu sytuacji społecznych. Dzieci te nie są akceptowane przez swoich rówieśników. Często wykazują brak dystansu względem osób dorosłych, obcych. Bardzo często występują wtórne zaburzenia zachowania (napady złego humoru, drażliwość, ciągłe poirytowanie, frustracja, gniew, a nawet agresja). Występują zaburzenia w rozwoju funkcji wykonawczych, tj. nie potrafią planować i podejmować decyzji oraz przewidywać ich konsekwencji, dlatego też często mają problemy z prawem. Nie potrafią prawidłowo organizować swojego wolnego czasu.

Zmiany w wyglądzie twarzy mogą być widoczne, ale nie jest to regułą, ponieważ mogą one zaniknąć około dwunastego roku życia. W wieku dorosłym występuje ograniczenie intelektualne (w wieku osiemnastu lat mają rozwój intelektualny dwunastolatka). Są mało samodzielni, nie potrafią podejmować prawidłowych decyzji, mają problemy z pracą i samodzielnym utrzymaniem się. Mogą popadać w konflikt z prawem.

W tym okresie mogą ujawnić się choroby psychiczne oraz problemy z nadużywaniem alkoholu czy substancji psychoaktywnych [10, 13].

Być opiekunem dziecka z FAS to wyzwanie i odpowiedzialność. Personel pielęgniarski sprawujący opiekę nad dzieckiem z FAS powinien cechować się przede wszystkim cierpliwością, opanowaniem i jednocześnie konsekwencją. Dzieci te nieustannie prowokują do poszukiwania nowych rozwiązań, do refleksji nad sobą, do własnego rozwoju i zmian we własnym życiu. Pielęgniarki mające kontakt w swojej codziennej praktyce z dziećmi z FAS powinny pamiętać o kilku znaczących zasadach:

1. Należy ograniczyć dziecku to co powoduje pobudzenie, co może przeciążać jego układ nerwowy.
2. Reakcja dyscyplinująca powinna być natychmiastowa, by dziecko nie miało problemu z powiązaniem ze sobą przyczyny i skutku.
3. Należy być konkretnym, unikać „kazań".
4. Wielokrotnie pokazywać konsekwencje niewłaściwego zachowania.
5. Należy nagradzać wszelkie wysiłki i starania dziecka.
6. Należy ustalać struktury i zasady, których potem powinniśmy konsekwentnie przestrzegać i wymagać.
7. Przekazywać dziecku informacje językiem prostym.
8. Należy unikać słów o podwójnym znaczeniu [14, 15].

W codziennych relacjach z dzieckiem wydając polecenia należy być konkretnym, powtarzać je tak często jak jest to potrzebne. Mówić wolno z przerwami, które pozwolą dziecku zrozumieć, co do niego się mówi, często sprawdzać czy dziecko rozumie czego od niego oczekujemy. Pomagać dziecku uczyć się przewidywać

Troska o trzeźwość jest jednym z najważniejszych wyzwań stojących przed naszym społeczeństwem. Ostatnie badania ESPAD przynoszą niepokojące dane, albowiem od pięciu lat wzrasta poziom spożycia napojów alkoholowych. Ryzykownie nadużywa alkoholu około 16% społeczeństwa. W szczególności martwią dane dotyczące ludzi młodych, ponieważ wielu z nich regularnie się upija. Pije coraz więcej dziewcząt. Dominujący wpływ na te negatywne zjawiska ma łatwy dostęp do alkoholu i jego promocja. W Polsce funkcjonuje około dwustu tysięcy punktów sprzedaży alkoholu, w których często łamane są przepisy ustawy o wychowaniu w trzeźwości i przeciwdziałaniu problemom alkoholowym.

W związku z tak dużymi negatywnymi skutkami picia alkoholu przez kobiety w ciąży, personel medyczny powinien dołożyć wszelkich starań, aby kobiety poznały je jeszcze przed zajściem w ciążę. Źródłem wiedzy przyszłych matek na temat FAS nie mogą być tylko media, ale przede wszystkim personel medyczny. Znaczącą rolę mogą tu odegrać pielęgniarki, położne i lekarze rodzinni. Świadomość istnienia FAS ostrzeże prawdopodobnie większość przyszłych matek przed konsumpcją nawet najmniejszej ilości alkoholu podczas trwania ciąży, a tym samym zmniejszy skutki teratogennego wpływu alkoholu na płód. Rolą personelu medycznego jest również edukacja młodzieży już w szkołach podstawowych. To na barkach pielęgniarek pracujących w szkołach i w punktach podstawowej opieki medycznej spoczywa ciężar wpojenia młodemu pokoleniu zasad życia w trzeźwości, a jednocześnie uświadomienia toksycznego działania alkoholu.

Podsumowując, należy pamiętać że:

1. Dzięki właściwej edukacji i poradnictwu można znacznie zmniejszyć częstość występowania zespołu FAS.
2. Bariera łożyskowa nie jest skuteczna w przypadku leków, wirusów i alkoholu

3. Nie określono minimalnej dawki alkoholu, o której można by powiedzieć, że jest całkowicie bezpieczna dla rozwoju dziecka.
4. Szkody wywołane przez alkohol w okresie ciąży są proporcjonalne do ilości i częstotliwości wypijanego przez kobietę alkoholu.
5. Alkohol może mieć negatywny wpływ na wszystkie komórki i narządy, szczególnie wrażliwy na działanie alkoholu jest mózg, który we wczesnym okresie ciąży może zostać trwale uszkodzony.
6. Alkohol uszkadza płód bardziej niż jakikolwiek narkotyk.
7. FAS jest wiodącą przyczyną chorób umysłowych.
8. FAS jest przyczyną poważnych problemów społecznych i zaburzeń zachowania
9. Zespołowi FAS/FAE można zapobiec w 100% zachowując abstynencję w czasie ciąży.

Piśmiennictwo:

1. Basaj A. : uszkodzenie płodu wywołane alkoholem. Wyd. PARPA. Warszawa 1997 str. 3-5.
2. Cholewa, J.: Zespół alkoholowy płodu. Wychowawca. Kraków 2004 nr 4 str.15.
3. Coles, C.: Krytyczne okresy narażenia płodu na działanie alkoholu [w:] Alkohol, a zdrowie., Wyd. PARPA. Warszawa 1998 Tom 17 s. 35-49.
4. Hryniewicz, D.: Specyfika pomocy psychologiczno – pedagogicznej dzieciom z FAS. Wyd. PARPAMEDIA, Warszawa 2008.
5. Janosz, J.: Płodowy zespół alkoholowy. Uszkodzenia płodu wywołane alkoholem. Nasze sprawy. Wyd. PARPA, Warszawa 2009 s. 12-14.
6. Klecka, M.: Ciąża i alkohol w trosce o Twoje dziecko. Wyd. PARPAMEDIA. Warszawa 2006.
7. Klecka, M.: FAScynujące dzieci. Wyd. Św. Stanisława BM Archidiecezji Krakowskiej 2007.
8. Klecka, M.: Uszkodzenie płodu wywołane alkoholem. Wydawnictwo PARPA, Warszawa 1998.
9. Kubicka K., Kawalec W. Pediatria tom I Wyd. Lekarskie PZWL. Warszawa 2006 str. 35-37.
10. Liszcz, K.: Jak być opiekunem dziecka z FAS?, Wyd. Fundacja „Daj szansę". Toruń 2005.
11. Mierzejewski,P., Kostowski, W.: Rola hipokampa w patogenezie uzależnień i działaniu pozytywnie wzmacniających substancji psychoaktywnych. Zakład Farmakologii i Fizjologii Układu Nerwowego Instytutu Psychiatrii i Neurologii w Warszawie, 2002.
12. Moskalewicz, J.: Problemy zdrowia prokreacyjnego związane z konsumpcją alkoholu. Wyd. PARPAMEDIA Warszawa 2007.
13. Nurkowska, J.: Ciąża i alkohol, Wiedza i życie. Wyd. Uniwersytetu Wrocławskiego 1997, s. 14.
14. Olechnowicz, H.: Dziecko własnym terapeutą. Jak wspomagać strategie autoterapeutyczne dzieci z dysfunkcjami więzi osobistych. Wyd. PWN, Warszawa 1995.
15. Wilgucka-Okoń, B.: Gotowość szkolna dzieci sześcioletnich. Wyd. Żak, Warszawa 2003.

Odleżyny – powstanie, leczenie, pielęgnacja

Aleksandra Mrowiec

Jednym z większych problemów ówczesnej medycyny, przede wszystkim pielęgnacyjnych są odleżyny. Stanowią one bardzo poważną grupę powikłań jakie dotykają chorych, nie tylko ludzi w podeszłym wieku, ale również dzieci i młodzież [1]. Są trudnym problemem terapeutycznym, ponieważ mogą stanowić nawet zagrożenie życia.

Przez wiele lat uważano, że powstanie odleżyn to skutek niewłaściwej pielęgnacji pacjenta. W niniejszym rozdziale autorka postara się przedstawić etiologię, oraz działanie czynników odpowiedzialnych za powstanie odleżyn. Celem jest ukazanie sposobów oceny ryzyka wystąpienia odleżyn u chorych unieruchomionych, oraz postępowania pielęgnacyjnego w różnych fazach rozwoju odleżyn, a także sposobów profilaktyki. Zapadalność na odleżyny u chorych leczonych zarówno w domu, jak i w szpitalu jest bardzo wysoka, dlatego istnieje duża potrzeba na rozpoznanie i zminimalizowanie tego problemu.

Skóra jest powłoką oddzielającą wnętrze organizmu ludzkiego od świata zewnętrznego. Jest największym narządem ludzkiego ciała. U dorosłego człowieka jej powierzchnia wynosi prawie 2m^2. Nie jest wszędzie równa, dostrzega się na niej fałdy, bruzdy. Grubość skóry waha się w zależności od okolicy, wieku, płci oraz innych czynników i wynosi od 0,5 do 5 mm.

Skóra spełnia ważne funkcje dla całego organizmu, osłaniając narządy wewnętrzne, równocześnie utrzymuje równowagę między ustrojem a otoczeniem.

Do podstawowych funkcji ochronnych skóry, które mają znaczenie w powstawaniu odleżyn należy zaliczyć:

- ochronę przed uszkodzeniem mechanicznym,

- ochronę przed patogenami bakteryjnymi i wirusowymi,

- ochronę przed utratą płynów i elektrolitów ustrojowych [3].

Ogólny stan i wygląd skóry i błon śluzowych jest cennym źródłem informacji o stanie zdrowia całego organizmu, co ma ogromne znaczenie w powstawaniu oraz leczeniu odleżyn.

ODLEŻYNA – jest uszkodzeniem skóry o charakterze owrzodzenia, będącym efektem ciągłego niedokrwienia tkanek wywołanego przez długotrwały bądź powtarzający się ucisk prowadzący do niedokrwienia tkanek. W pierwszym etapie charakteryzujący się zaczerwienieniem, a następnie niedokrwieniem i w końcowym efekcie obumieraniem tkanek. W miarę oddzielania się tkanek martwiczych powstają trudno gojące się owrzodzenia, łatwo ulegające zakażeniu [2]. Ryzyko powstania odleżyn dotyczy głównie chorych przebywających długo w pozycji leżącej lub siedzącej, w których ciało wywiera ucisk na podłoże (materac, poduszkę itp.). U zdrowego człowieka ucisk powoduje ból, co prowadzi do podświadomej zmiany pozycji ciała. Chory nieprzytomny, z niedowładem lub różnego rodzaju porażeniami nie odczuwa takiej niewygody, a zatem brak jest czynnika ostrzegawczego. W wyniku niedokrwienia, niedotlenienia tkanek oraz przepełnienia niewydalonymi toksynami komórki obumierają i powstaje martwica.

Przyczyny powstawania odleżyn można podzielić na: [2]

1. Przyczyny główne:

a) działanie sił mechanicznych:

- ucisk powierzchniowy – długotrwały, niezmieniający się ucisk wywierany na tkanki miękkie z jednej strony przez kościec, z drugiej przez twarde podłoże,

- siły poprzecznie tnące - występują wówczas, gdy część ciała chorego próbuje się poruszyć, lecz powierzchnia skóry pozostaje nieruchoma na powierzchni spoczynku. W efekcie warstwa tkanki podskórnej ulega zniekształceniu, co może się przyczynić do przerwania mniejszych naczyń krwionośnych powodując siniaki. Pęknięte naczynia nie dostarczają już tkankom tlenu i składników odżywczych, ani też nie odprowadzają zbędnych produktów przemiany materii, co prowadzi do obumierania tkanki i czernienia skóry,

- siły tarcia – jest to przesuwanie tkanek względem podłoża. Początkowo tarcie powoduje złuszczenie komórek warstwy rogowej naskórka w skutek pękania kruchych połączeń między nimi a komórkami warstwy podstawnej. Na skutek tarcia z jednoczesnym uciskiem, powierzchowne warstwy skóry właściwej ulegają przekrwieniu, następnie dochodzi do wylewów naczyń włosowatych i w końcu do martwicy,

- uraz – uszkodzenie tkanek wywołane np. stłuczeniami powstającymi podczas zabiegów pielęgnacyjnych lub zmian pozycji ciała i tym podobne,

b) czas trwania – czas wystąpienia odleżyny jest uzależniony od ogólnego stanu zdrowia pacjenta, jego odżywienia i masy ciała. U chorych nieprzytomnych odleżyna może powstać nawet w ciągu dwóch godzin, a u innych nawet po 14 dniach od unieruchomienia.

2. Przyczyny towarzyszące

a) Czynniki wewnętrzne – uzależnione od stanu zdrowia chorego:

- zaburzenia ze strony układu nerwowego (udary mózgu, uszkodzenia rdzenia kręgowego, SM, stan nieprzytomności itp.),

- zaburzenia w funkcjonowaniu układu krążenia (anemia, niskie ciśnienie krwi, choroby serca itp.),

- choroby układu oddechowego (przewlekłe stany zapalne płuc i oskrzeli, astma, rozedma, duszność mająca ujemny wpływ na procesy wentylacji płuc, co powoduje niedotlenienie tkanek organizmu,

- uogólnione obrzęki,

- leczenie farmakologiczne z zastosowaniem amin katecholowych,

- zmniejszona odporność organizmu,

- zmiany pH skóry,

- infekcja bakteryjna,

- wyniszczenie,

- zaburzenia przyswajania składników pokarmowych (nadmierne odżywienie, niedożywienie, niedobory witamin B12, C, niedobór białka), zaburzenie gospodarki elektrolitowej – sód, potas,

- ograniczenie możliwości poruszania się zmuszające do długotrwałego przebywania w pozycji leżącej lub siedzącej (złamania kości),

- upośledzona czynność zwieraczy odbytu i cewki moczowej (maceracja skóry),

- stan skóry – u dzieci bardzo delikatna, słabo rozwinięta,

- płeć – kobiety narażone są bardziej niż mężczyźni,

- wiek pacjenta,

- masa ciała – nadwaga ma wpływ na zwiększenie ucisku w tych miejscach, gdzie kość jest położona pod cienką warstwą tkanki (pięta, kość krzyżowa). U chorych z niedowagą brak odpowiedniej ilości tkanki powoduje wzmożenie nacisku powierzchniowego,

- rodzaj skóry - skóra sucha jest bardziej narażona na uszkodzenia.

b) czynniki zewnętrzne – niezależne od kondycji pacjenta, uwarunkowane otoczeniem

- temperatura otoczenia,

- niewłaściwa bielizna i pościel (szorstka),

- pozostawienie chorego w wilgotnej pościeli (maceracja),

- zaopatrzenie ortopedyczne,

- leki (przeciwbólowe, uspokajające, psychotropowe, sterydy),

- zakażenie (otarcia lub skaleczenia skóry stanowią wrota dla bakterii),

- czynniki socjalne, warunki ekonomiczne, poziom opieki,

- brak sprzętu przeciwodleżynowego,

- brak środków pielęgnacyjnych.

Odleżyny u chorych unieruchomionych w łóżkach, a także poruszających się na wózkach inwalidzkich w pierwszej kolejności i najszybciej powstają w miejscach, gdzie odległość między powierzchnią skóry a układem kostnym jest niewielka, a tkanka tłuszczowa jest słabo rozwinięta. Dotyczy to także miejsc, na które nałożone są opatrunki gipsowe.

W zależności od pozycji ciała, jaką pacjent najczęściej przyjmuje, odleżyny pojawiają się najczęściej: na potylicy, na łopatkach, na łokciach, w okolicy krzyżowej, na piętach, na biodrze, na zewnętrznej i wewnętrznej części kolana, na kostkach bocznych.

W zależności od kryteriów, odleżyny można podzielić na kilka rodzajów.

Biorąc pod uwagę czas gojenia wyróżnia się: [4]

- odleżyny zwykłe, które podczas prawidłowo prowadzonej pielęgnacji pacjenta goją się łatwo i szybko,

- odleżyny miażdżycowe, które ze względu na zaburzenia ukrwienia goją się dłużej, niż odleżyny zwykłe,

- odleżyny terminalne, które występują u chorych umierających i nie udaje się ich wygoić.

W medycynie wprowadzono kilka podziałów stopnia zaawansowania odleżyn w zależności od ich wyglądu, głębokości i wielkości. Prawidłowy opis odleżyny jest niezbędny w prawidłowej pielęgnacji chorego oraz w jej leczeniu.

Istnieje kilka skal, które klasyfikują odleżyny. Jedną z nich jest 5-stopniowy podział wg Torrancea: [6]

Stopień I – blednące zaczerwienienie. Pod wpływem ucisku palca blednie, co oznacza, że mikrokrążenie jest jeszcze nieuszkodzone.

Stopień II – nieblednące zaczerwienienie. Rumień utrzymujący się po zniesieniu ucisku wskazuje na uszkodzenie mikrokrążenia, zapalenie i obrzęk tkanek. Może pojawić się obrzęk, uszkodzenie naskórka i pęcherze.

Stopień III – uszkodzenie pełnej grubości skóry do granicy z tkanką podskórną. Brzegi rany otoczone są obrzękiem i rumieniem, a dno rany wypełnione jest żółtymi masami rozpadających się tkanek.

Stopień IV – uszkodzenie obejmuje również tkankę podskórną. Dno pokryte jest brunatno-czarną martwicą. Brzeg odleżyny jest zwykle dobrze odgraniczony, lecz martwica może dotyczyć także tkanek otaczających.

Stopień V – zaawansowana martwica obejmuje powięź i mięśnie, a także czasami przechodzi do stawów i kości. W ranie znajdują się rozpadające masy tkanek i martwica.

Kolejną skalę, tym razem 4-stopniową prowadził Guttman: [2]

Stopień I – zmiany skóry z niewielkim obrzękiem przebiegające bez uszkodzenia tkanek, odwracalne, pod warunkiem, że ucisk trwa krótko.

Stopień II – ograniczone przebarwienia i stwardnienie skóry. Następstwem ucisku jest martwica powierzchniowej warstwy skóry z ukazaniem skóry właściwej. Powstają pęcherze podbarwione krwotocznie.

Stopień III – głęboka martwica mogąca objąć tkankę podskórną, powięź, mięśnie i kości, oraz powstanie głębokich owrzodzeń.

Stopień IV – tworzenie się zachyłków i torbieli, możliwość powstania zakażenia mogącego doprowadzić do uogólnionej posocznicy.

Nieco inną klasyfikację podają Twycross i Lack: [2]

- stadium 1A – blednący rumień

- stadium 1B – nieblednący rumień

- stadium 2 – nadżerka

- stadium 3 – pęcherz, strup

- stadium 4 – czyste owrzodzenie z czerwoną ziarniną w dnie

- stadium 5 – zakażone owrzodzenie lub szary nalot w dnie

- stadium 1A i 1B – skóra nieuszkodzona

- stadium 2-5 – skóra uszkodzona

Na oddziały szpitalne wprowadzono także stosowanie skali kolorowej. W ten czytelny i szybki sposób każda pielęgniarka może zaznaczyć graficznie zaawansowanie zmiany spowodowanej uciskiem. Wyróżnia się 4 stopnie odleżyn: [3]

1) Kolorem żółtym zaznacza się odleżynę z infekcją

2) Kolorem czerwonym zaznacza się ziarninowanie

3) Kolorem czarnym zaznacza się martwicę

4) Kolorem różowym zaznacza się naskórkowanie

Można tu także nadmienić, iż w/w skalą posługują się także firmy, które zalecają swoje opatrunki do leczenia odleżyn.

Podstawą profilaktyki powstawania odleżyn jest właściwa opieka pielęgniarska. W większości przypadków właściwe ułożenie chorego w łóżku i odwracanie go co dwie godziny wystarcza, aby nie dopuścić do zmian niedokrwiennych skóry. Bardzo pomocne w prowadzeniu profilaktyki są tzw. skale punktowe oceny ryzyka wystąpienia odleżyn. Skale te opierają się na czynnikach usposabiających do rozwoju odleżyn. Ryzyko takie należy ustalić u wszystkich nowoprzyjętych pacjentów, u pacjentów wymagających szczególnego leczenia (np. po zabiegu operacyjnym) oraz u chorych których stan zdrowia pogarsza się w czasie hospitalizacji. Taką ocenę stanu chorego odnotowuje się raz na dobę. Skale te mogą ulec różnym zmianom, w zależności od specyfiki oddziału, w jakim są stosowane (np. oddział intensywnej terapii, opieki długoterminowej, czy oddział ortopedyczny). Jest to sposób na systematyczną obserwację chorego, oraz na wymuszanie pewnego stylu pracy, który wykształca poczucie obowiązkowości.

SKALA NORTON [7]

- powstała w 1962 roku jako wynik badań prowadzonych przez Dorren Norton. Przedstawia 5 czynników ryzyka, które uważano za najbardziej istotne.

1) ogólna kondycja fizyczna – bierze pod uwagę: stan odżywienia, brak uszkodzeń tkanki, masę mięśni oraz kondycję skóry.

2) stan psychiczny – dotyczy poziomu świadomości i orientacji,

3) aktywność – określa zdolność samodzielnego poruszania się,

4) mobilność – określa zdolność kontroli i poruszania kończynami,

5) nie trzymanie – określa brak zdolności kontroli pracy jelit i pęcherza (wydalania).

Każdy z czynników jest punktowany w zakresie od 1 do 4. Norton uważała, że wynik 14 punktów jest wskaźnikiem istnienia lub braku stanu ryzyka.

Zastosowanie w/w skali jest bardzo łatwe w zastosowaniu i była ona często używana przez personel pielęgniarski, jednak przez wielu uważana jest za prostą i zbyt ogólną, aby właściwie ocenić stopień ryzyka rozwoju odleżyn.

SKALA BRADEN [7]

- skala ta powstała w 1986 roku i została opracowana na podstawie analizy opieki nad chorymi w opiece domowej. Skala ta uwzględnia 6 czynników predysponujących do powstania odleżyn:

1) percepcja sensoryczna – określa zdolność reagowania i odczuwania dyskomfortu spowodowanego przez ucisk: całkowicie ograniczona (1pkt), ograniczona (2pkt), lekko ograniczona (3pkt), nieograniczona (4 pkt),

2) wilgotność – określa stopień wilgotności skóry: stale wilgotna (1 pkt), bardzo wilgotna,

(2 pkt), wilgotna okazjonalnie (3 pkt), rzadko wilgotna (4 pkt),

3) mobilność – określa zdolność zmiany i kontrolowania pozycji ciała: całkowicie unieruchomiony (1 pkt), mobilność ograniczona (2 pkt), lekko ograniczona (3 pkt), nieograniczona (4 pkt),

4) aktywność – określa stopień aktywności fizycznej: unieruchomiony (1 pkt), unieruchomiony w wózku (2 pkt), chodzi okazjonalnie (3 pkt), często chodzi (4 pkt),

5) stan odżywienia – określa sposób, w jaki pacjent zwykle przyjmuje pożywienie: niewłaściwy (1 pkt), prawdopodobnie niewłaściwy (2 pkt), odpowiednie (3 pkt), właściwe, (4 pkt),

6) siły poprzeczne i tarcie: problem – chory częstoześlizguje się z łóżka lub wózka (1 pkt), potencjalny problem – porusza się rzadko (2pkt), brak problemu (3 pkt)

Maksymalna ilość punktów wynosi 23 i oznacza niskie ryzyko rozwoju odleżyn, natomiast minimum punktów wynosi 6 i oznacza wysokie ryzyko rozwoju odleżyn.

Stosując jedną z w/w skal pielęgniarka, zbierając wywiad, ocenia stopień ryzyka wystąpienia odleżyn. Po określeniu tych czynników opracowuje plan postępowania przeciwodleżynowego. Przyjęta na danym oddziale szpitalnym lub w opiece środowiskowej skala może ulec modyfikacjom w zależności od potrzeb, specyfiki oddziału lub stanu pacjenta. Proponowane skale są tylko przykładami z wielu istniejących na całym świecie skal oceny ryzyka odleżyn.

Ważnym elementem w profilaktyce, jak i leczeniu odleżyn jest dokumentacja prowadzona przez personel pielęgniarski. Prowadzi się ją od pierwszych chwil przyjęcia pacjenta na dany oddział. Pozwala ona kontrolować zagrożenie wystąpienia odleżyn, a także ich leczenia. Umożliwia ocenić zastosowane metody, środki oraz sprzęt stosowany w profilaktyce i leczeniu. Prowadzenie takiej dokumentacji pozwala też na rejestr pacjentów z ryzykiem wystąpienia odleżyn lub już obecnymi odleżynami, co często wykorzystywane jest jako materiał do badań w kierunku doskonalenia metod zapobiegania tego szerzącego się problemu.

Dzięki takiej dokumentacji pielęgniarka może ocenić stopień zagrożenia chorego, organizować działania profilaktyczne i zaplanować opiekę. Prowadzenie dokumentacji bardzo ułatwia pracę personelu opiekującego się pacjentami, ale jest także zabezpieczeniem pracowników przed niesłusznymi oskarżeniami o zaniedbania w opiece nad chorym.

U chorych z odleżynami gojenie ran następuje tylko i wyłącznie wtedy, kiedy zniesiony zostaje ucisk na ranę. Zastosowanie sprzętu przeciwodleżynowego pozwala na zmniejszenie siły ucisku, a także na pobudzenie krążenia. Zastosowanie odpowiednich środków pozwala także na znaczne obniżenie ryzyka wystąpienia odleżyn. Jednym ze sposobów zapobiegania odleżynom jest zmiana pozycji ułożenia chorego, ale bardzo często powoduje znaczny ból, który jest dyskomfortem dla pacjentów. Dlatego też bardzo powszechne jest stosowanie materacy przeciwodleżynowych. Podstawową ich rolą jest zapewnienie możliwie największego dopływu krwi do uciśniętych partii ciała.

Ze względu na mechanizm działania możemy je podzielić na:

1) <u>materace statyczne, stałociśnieniowe</u> - ich mechanizm polega na równomiernym rozłożeniu ciężaru ciała pacjenta, co pozwala na redukcję sił nacisku w miejscach wyniosłości kostnych.[4] Zaletą materacy statycznych jest prosta obsługa, są lepiej akceptowane przez pacjentów ze względu na nieruchomą powierzchnię oraz na wysoki komfort leżenia.

Wadą takich materacy jest tzw. „efekt kumulacyjny". Jest to brak chwilowego, całkowitego odciążenia poszczególnych partii tkanki i wywieranie na ciało pacjenta stałego nacisku, który powoduje powstanie odleżyn.

2) <u>materace dynamiczne, zmiennociśnieniowe</u> - zapewniają zmienny ucisk na poszczególne okolice ciała, co działa pobudzająco na krążenie. Dzieje się tak dzięki przepływowi powietrza pomiędzy poszczególnymi komorami. Element do leżenia zbudowany jest najczęściej z dwóch rzędów komór na przemian wypełnionych powietrzem. W materacu tym ciało chorego podpierane jest co 3 minuty w różnych punktach, co powoduje masaż i zwiększa ukrwienie [8].

Oprócz materacy do profilaktyki przeciwodleżynowej używa się także innych udogodnień. Należą do nich różnego rodzaju podpórki pod stopy, które zapobiegają zsuwaniu się pacjenta w dół łóżka. Podkładki, czy kółka z pianki poliuretanowej są również pomocne w profilaktyce odleżyn, służą odciążeniu określonej części ciała, np. pośladków i pięt.

Leczenie odleżyn dzielimy na leczenie miejscowe i leczenie chirurgiczne. Ogólne zasady leczenia miejscowego powinny obejmować: ocenę kliniczną odleżyny i zaplanowanie postępowania miejscowego, oraz oczyszczenie rany i stosowanie środków wspomagających proces gojenia. W latach 60-tych XX w. wyniki badań Wintera określiły najlepsze warunki sprzyjające gojeniu rany odleżynowej. Polegają one na utrzymaniu wilgotnego środowiska rany oraz wykorzystywania opatrunków pochłaniających nadmiar wysięku z rany [4,12].

Współcześnie stosuje się nowoczesne opatrunki wykonane z biologicznych, półsyntetycznych i syntetycznych materiałów, które dzięki swoim właściwościom: 1)utrzymują wysoką wilgotność na powierzchni rany, co podczas wymiany opatrunku nie powoduje zerwania nowo powstałych tkanek, 2) wytwarzają lekko kwaśny odczyn, co hamuje wzrost bakterii, 3) pobudzają proces ziarninowania, 4) nie przylegają bezpośrednio do rany, 5)usuwają nadmiar wysięku i toksyczne cząsteczki, 6) mogą być długo utrzymywane na ranie (nawet do kilku dni), 7) są wodoodporne, a jednocześnie pozwalają na swobodne parowanie z powierzchni, 8) izolują ranę termicznie, powodując utrzymanie jej temperatury, 9) łagodzą ból rany (w wilgotnym środowisku stymulacja zakończeń nerwowych jest znacznie słabsza), 10) są nietoksyczne i nie powodują alergii, 11) są dostępne w różnych rozmiarach, łatwe do założenia i usunięcia [2]. Do tej grupy opatrunków zaliczamy: hydrokoloidy, opatrunki hydrofiber, hydrożele, półprzepuszczalne błony poliuretanowe, opatrunki alginianowe i wiele innych dostępnych na rynku.[9] Pielęgniarka powinna znać właściwości tych opatrunków, aby wiedzieć, który z nich w danej sytuacji zastosować. Zastosowanie odpowiedniego opatrunku może być uzależnione od stopnia zaawansowania odleżyny lub od etapu gojenia, na jakim się ona znajduje. Pomocna w doborze opatrunku jest klasyfikacja ran w tzw. systemie „kolorowym". Ogólnie przyjęto, że odleżyny pokryte suchą martwicą nazywa się „czarnymi", pokryte martwicą rozpływową nazywa się „żółtymi", a rany ziarninujące są „czerwone", a naskórkujące – „różowe". Odleżyny z objawami infekcji ropnej leczymy za pomocą opatrunków o działaniu przeciwdrobnoustrojowym zawierającym srebro np. Aquacel Ag, które zabijają drobnoustroje, wywołujące zakażenie rany. W leczeniu odleżyn z wysiękiem stosuje się opatrunki, które pochłaniają w znacznej ilości wysięk oraz izolują bakterie, np. Aquacel. Pochłania on duże ilości wysięku i utrzymuje go wewnątrz swoich włókien, a bakterie izolowane są między włóknami. Zwykle metody te wystarczają, jednak w przypadku pojawienia się silnego odczynu zapalnego wskazane jest stosowanie antybiotyków. Standardem jest antybiotykoterapia celowana oparta na badaniach bakteriologicznych z rany. Wbrew ogólnie przyjętym zasadom nie wykonuje się wymazów z odleżyny, a pobiera się wyskrobiny, które wysiewa się na specjalne pożytki i izoluje szczepy odpowiedzialne za zakażenie. Aby ograniczyć infekowanie ran do minimum, osoby zajmujące się pielęgnacją odleżyn powinny przestrzegać podstawowych zasad aseptyki, używać rękawiczek jednorazowych, rozpoczynać toaletę ran od najczystszej do najbardziej zakażonej, a zużyty materiał opatrunkowy zabezpieczać [5,10,11].

Do leczenia chirurgicznego kwalifikuje się zazwyczaj rany „czarne" (suche z martwicą) oraz „żółte" (z martwicą rozpływową). Celem zabiegu chirurgicznego jest: 1. Usunięcie wszystkich rozmiękłych tkanek i całej jamy torebkowej, 2. Powstały ubytek należy pokryć zdrową tkanką tłuszczową, tkanką podskórną i mięśniem, jeśli jest to tylko możliwe, 3. Wszystkie miejsca połączeń (późniejsze blizny) muszą się znajdować z daleka od miejsc ucisku, aby nie dopuścić do nawrotów.[2] Przy leczeniu operacyjnym zasadą jest, aby po wycięciu odleżyny ubytek po niej pokryć jak najgrubszą warstwą zdrowych tkanek, najlepiej płatem skórno-mięśniowym. Przeszczep dobrze ukrwionej tkanki pozwala na szybkie gojenie oraz zapobiega powstawaniu blizn.

Podczas pielęgnowania chorego unieruchomionego w łóżku bądź na wózku inwalidzkim należy przestrzegać kilku podstawowych zasad:

1. Jeżeli chory ma zmiany odleżynowe, to nie powinien leżeć na odleżynie.

2. Przy zmianie pozycji chorego tarcie i pocieranie ciała o bieliznę pościelową lub osobistą może przyczynić się do powstania odleżyn.

3. Należy unikać ucisku bezpośrednio na małe powierzchnie ciała.

4. Przy układaniu chorego na boku należy pamiętać, by nie leżał on na wystającej części kości udowej (w okolicy miednicy) oraz by nie było wzajemnego ucisku kończyn (stosować podkładki między nogi).

5. Należy unikać krążków pod pięty, gdyż mogą one tamować przepływ krwi (należy stosować odpowiednie do tego celu podkładki).

6. Chory musi przebywać w czystej i gładkiej pościeli (nie nakrochmalonej, gdyż bielizna nakrochmalona ma tendencję do zaginania, a krochmal pochłania roztocza, zwiększając ryzyko wystąpienia zakażenia ran).

7. Często natłuszczać skórę i ją masować, co poprawia ukrwienie.

8. Zapewnić odpowiednią temperaturę i wilgotność powietrza, co powoduje zmniejszenie wysuszenia skóry (zmniejsza ryzyko jej urazu mechanicznego).

9. Zmieniać pozycję ciała co 2-3 godziny, lub częściej, jeżeli stan chorego na to pozwala.

10. Stosować materace przeciwodleżynowe oraz różnego rodzaju udogodnienia.

Ważnym, choć często pomijanym aspektem jest współpraca personelu medycznego z pacjentem, jak i jego rodziną. Współdziałanie to powinna cechować życzliwość i zrozumienie. Pacjent, jak i jego rodzina, muszą być informowani na bieżąco o postępie choroby, procesie gojenia powstałych odleżyn, o rodzajach wykorzystywanych opatrunków, włącznie z nauką ich stosowania. W wielu przypadkach to właśnie rodzina opiekuje się przewlekle chorym w warunkach domowych, dlatego też edukacja tych osób jest niezbędna. Profesjonalne przygotowanie opiekunów do opieki nad chorym podnosi ich umiejętności i świadomość, oraz stwarza warunki komfortu i lepszej jakości życia pacjenta w domu.

Szybka i umiejętna identyfikacja chorych zagrożonych powstaniem odleżyny, odpowiednia profilaktyka oraz skuteczne leczenie i odpowiednia pielęgnacja, to czynniki, które przyniosą szybką ulgę osobie przewlekle chorej. Dlatego uzupełnianie i rozszerzanie wiedzy na ten temat jest bardzo istotnym elementem rozwoju i kształcenia personelu medycznego, zarówno pielęgniarek jak i lekarzy. Celem naszych działań jest edukacja pacjenta i jego rodziny na temat zapobiegania powstawaniu odleżyn. Nasza wiedza na ten temat musi być szeroka i ciągle uaktualniana.

Piśmiennictwo:

1. Żukowska D., Klimanek-Sygnet M., Pawlak P.: Leczenie odleżyn u dzieci i młodzieży. Przegląd Pediatryczny 2007, 37, 1, 114-116

2. Rosińczuk-Tonderys J., Uchmanowicz I., Arendarczyk M. Profilaktyka i leczenie odleżyn. Wydawnictwo „Continuo" Wrocław 2005.

3. Kruk-Kupiec G. Odleżyny. Poradnik dla Pielęgniarek i Położnych. Katowice 1999.

4. Krasowski G., Kruk M. Leczenie odleżyn i ran przewlekłych Wydawnictwo Lekarskie PZWL Warszawa 2008.

5. Oszkinis G., Gabriel M., Pukacki F., Majewski W. Leczenie ran trudno gojących się Wydawnictwo Lekarskie PZWL Warszawa 2006.

6. Sopata M. Profilaktyka i nowoczesne sposoby leczenia odleżyn i trudno gojących się ran. Twój Magazyn Medyczny – Dermatologia. Kraków 2003;11.

7. Zięba A. Real – Biuro Profilaktyki Odleżyn. Biuletyn nr 3, 2002;1.

8. Zbroński A. Real – Biuro Profilaktyki Odleżyn. Biuletyn nr 4, 2002;1.

9. Sopata M., Kowalik E., Jakubczyk M., Niewada M. „Rola opatrunków hydrokoloidowych w leczeniu odleżyn – ocena skuteczności klinicznej i opłacalności farmakoekonomicznej". Zakażenia. 2006;3: 77-84

10. Kiejda J., Jaracz K. „Skuteczne zapobieganie odleżynom i ich leczenie – przegląd dostępnych w Polsce metod pielęgnowania oraz leczenia". Zakażenia. 2007;4.

11. Burda K., Metelska J., Nowakowska E. „Rana odleżynowa – pielęgnacja, leczenie miejscowe, stosowane opatrunki specjalistyczne". Zakażenia. 2009;3: 80-86

12. Szewczyk M. T, Cwajda J., Cierzniakowska K., Jawień A. „Odleżyny – profilaktyka i leczenie zachowawcze". Lekarz 2007;6: 79-90

Rola pielęgniarki w opiece nad dzieckiem z zapaleniem opon mózgowo-rdzeniowych i mózgu – wybrane aspekty opieki, cz.1

Urszula Rola

Zakażenia układu nerwowego są najczęstszymi przyczynami ostrych zaburzeń neurologicznych u dzieci. Niosą za sobą ryzyko ciężkiego przebiegu włącznie ze stanem zagrożenia życia. W dużym odsetku prowadzą do wystąpienia ciężkich powikłań, trwałego kalectwa a nawet zgonu. Ich trwałe skutki, mają wpływ na całe życie zarówno pacjenta jak i jego rodziny dlatego stanowią one poważny problem także społeczny [4]. W piśmiennictwie podkreśla się konieczność dokonania szybkiej diagnostyki zapaleń opon i wdrożenia natychmiastowego leczenia. Opóźnienia w tym zakresie w sposób zasadniczy wpływają na zwiększenie liczby powikłań i wzrost śmiertelności [5].

Zapalenia opon mózgowo-rdzeniowych i mózgu niosą za sobą wiele problemów diagnostyczno-leczniczo-pielęgnacyjnych i stawiają przed zespołem terapeutycznym poważne wyzwania. Szybkie ustalenie hipotezy diagnostycznej, wdrożenie skutecznego leczenia i przeciwdziałanie ewentualnym powikłaniom wymaga od personelu medycznego profesjonalizmu, zaangażowania, doświadczenia i ogromnej wiedzy merytorycznej.

W pracy pielęgniarki z pacjentem z zapaleniem opon mózgowo-rdzeniowych i mózgu ważna jest nie tylko znajomość obowiązujących standardów zabiegowych, pielęgnacyjnych i profilaktyki zakażeń, ale ciągłe poszerzanie swojej wiedzy śledzenie zmian, podnoszenie kwalifikacji i jakości pielęgnowania.

Pielęgniarka powinna posiadać umiejętności z zakresu obserwacji, optymalnego dobrania i realizacji procesu pielęgnowania w zależności od wieku dziecka, komunikacji z dzieckiem i rodzicami, promocji zdrowia i działań psychoterapeutycznych realizowanych w stosunku do pacjenta i opiekunów.

Specjalne wymagania w stosunku do pielęgniarki pediatrycznej to znajomość i poszanowanie praw dziecka oraz jego opiekunów, umiejętność nawiązania i podtrzymania kontaktu z pacjentem w wieku rozwojowym, umiejętność okazywania dziecku uczuć serdeczności i życzliwości, odpowiedzialność, uczciwość i samodzielność, zdolność tworzenia warunków do aktywnego uczestnictwa rodziców w sprawowaniu opieki nad dzieckiem i organizacji dziecku wolnego czasu.

Zakres podejmowanych działań przez personel pielęgniarski uzależniony jest od stanu pacjenta oraz zaawansowania schorzenia i dotyczy rozwiązywania problemów w zakresie sfery bio-psycho-społecznej i duchowej chorego, jego rodziny i środowiska. Diagnoza pielęgniarska obejmuje rozpoznawanie problemów chorego, wynikających z zaburzeń jego wydolności. Pielęgniarka po zapoznaniu się z rozpoznaniem lekarskim, ustala w jakim stopniu w wyniku choroby pacjent utracił zdolność do samoobsługi i niezależności od otoczenia [9].

Działania terapeutyczno-diagnostyczne

1. Udział pielęgniarki w przyjęciu dziecka do szpitala

Pielęgniarka jako pierwsza ma kontakt z małym pacjentem i rodzicami w chwili przyjęcia dziecka do szpitala. To właśnie od jej postawy, życzliwości, wyrozumiałości i umiejętności nawiązania kontaktu zależy przebieg procesu adaptacji hospitalizowanego dziecka.

Przyjmując dziecko przeprowadza szczegółowy wywiad dotyczący rozwoju psychomotorycznego dziecka, sposobu odżywiania, posiadania rodzeństwa, przebiegu i zachowania się dziecka w czasie wcześniejszych hospitalizacji. W przypadku dzieci starszych ustala zakres zainteresowań dziecka, stosunek do samego siebie i rówieśników oraz występowania ewentualnych trudności wychowawczych. Ocenia stosunek rodziców do dziecka.

Pielęgniarka dokonuje także oceny stanu fizycznego dziecka w zakresie funkcjonowania układu pokarmowego, oddechowego, krążenia, nerwowego, moczowego, kostno-stawowo-mięśniowego. Zapoznaje rodziców z topografią oddziału, z obowiązującymi przepisami i zwyczajami oraz z Kartą Praw Pacjenta. Przedstawia dziecko personelowi oddziału, co sprawia, że dziecko nie czuje się anonimowe i wyobcowane. Zachęca rodziców do pozostania z dzieckiem w szpitalu i stwarza im optymalne warunki pobytu. Bardzo ważne jest by zabiegi wywołujące ból czy inne dolegliwości w miarę możliwości odłożyć na następny dzień, pozostawiając dziecku czas na adaptację [10].

2. Udział pielęgniarki w przeciwdziałaniu rozprzestrzeniania się infekcji

Chorego z podejrzeniem zapalenia opon mózgowo-rdzeniowych i mózgu oraz jego opiekunów obowiązuje izolacja. Ostrożność trzeba zachować zwłaszcza przy kontakcie z wydzielinami z nosa i jamy ustnej. Personel medyczny jest zobowiązany do przestrzegania wszystkich zasad izolacji

3. Udział pielęgniarki w obserwacji pacjenta

Dziecko z infekcją centralnego układu nerwowego wymaga intensywnego nadzoru z monitorowaniem podstawowych czynności życiowych, ponieważ ostre powikłania w postaci obrzęku mózgu czy stanów drgawkowych mogą pojawić się nagle i źle lub zbyt późno leczone mogą skutkować trwałymi uszkodzeniami ośrodkowego układu nerwowego. Ważne jest więc doświadczenie zespołu pielęgniarskiego, zdolność przewidywania, fachowość i szybkość reakcji zwłaszcza na samym początku choroby [6].

Bradykardia, nadciśnienie tętnicze, zaburzenia oddychania i zaburzenia świadomości są objawami *nadciśnienia śródczaszkowego*-ostrego powikłania zapalenia opon mózgowo-rdzeniowych i mózgu. Powstaje ono w wyniku wzrostu ciśnienia płynu mózgowo-rdzeniowego w układzie mózgowym na skutek przekrwienia naczyniowego i toczącego się stanu zapalnego w tkance mózgowej, jest stanem zagrożenia życia [2,6].

Wykonywanie pomiarów podstawowych czynności życiowych tj. ciśnienie tętnicze krwi, ciepłota ciała, oddech i tętno należy przeprowadzić unikając sytuacji, które mogą przestraszyć dziecko.

4. Udział pielęgniarki w przygotowaniu, wykonaniu i asystowaniu podczas badań diagnostycznych

Do zadań terapeutycznych pielęgniarki należy także przygotowanie chorego do badań, wyjaśnienie pacjentowi i jego rodzinie istoty przeprowadzanych badań oraz asystowanie podczas ich wykonywania. Informacji na temat wykonywanych zabiegów diagnostyczno-leczniczych należy udzielać w sposób spokojny odpowiedni do możliwości pojmowania dziecka. Powinny być one rzeczowe, krótkie i prawdziwe. Wykraczanie poza treść zadanego przez dziecko pytania, nadmiar informacji lub zawiłe, drobiazgowe wyjaśnienia mogą utrudnić zrozumienie istoty choroby, wprowadzać chaos i potęgować niepokój [8].

Materiał do badań diagnostycznych należy pobierać zgodnie z obowiązującymi standardami. Pobierania krwi do badań rutynowych powinny być wykonywane z uwagi na rytmy okołodobowe o stałej porze dnia, najkorzystniej między 6.00 a 10.00 dla zapewnienia prawidłowej interpretacji wyników, w fachowy i precyzyjny sposób.

Wskazane jest pozwolenie dziecku na ekspresję reakcji bólowej. Zmuszanie dziecka do bycia dzielnym to brak szacunku dla jego doznań [8].

Badanie *płynu mózgowo-rdzeniowego* u pacjentów z podejrzeniem zapalenia opon mózgowo-rdzeniowych należy do najważniejszych i priorytetowych. Wykonuje je lekarz, natomiast pielęgniarka czynnie asystuje przy badaniu.

Coraz częściej w diagnostyce patogenu wywołującego zapalenie opon mózgowo-rdzeniowych wykorzystuje się *łańcuchową reakcję polimerazy (PCR)* i specyficzne startery. Badanie to wymaga odpowiedniego pobrania, przechowywania i przygotowania do transportu [11].

Działania lecznicze

1. Udział pielęgniarki w farmakoterapii doustnej

W farmakoterapii doustnej rola pielęgniarki polega na:

- podawaniu leków ściśle według zleceń lekarskich,

- przechowywaniu leków w odpowiednich warunkach zalecanych przez producenta (właściwa temperatura, oryginalne opakowanie, niektóre leki muszą być chronione przed działaniem światła),

- rozkładaniu leków bezpośrednio przed podaniem,

- sprawdzeniu leku przed podaniem, czy dozuje się właściwy lek,

- sprawdzeniu daty ważności podawanego leku i jego dawki,

- kontroli przyjęcia leku w przypadku podawania drogą doustną,

- przestrzeganiu zasady systematyczności farmakoterapii,

- znajomości objawów ubocznych i powikłań, które mogą powodować poszczególne leki,

- prowadzeniu systematycznej kontroli stanu somatycznego, neurologicznego i niektórych wskaźników laboratoryjnych,

- dokumentowaniu podaży zleconych leków.

2. Udział pielęgniarki w farmakoterapii dożylnej

W przypadku podaży leków przez *dostęp centralny* istotne jest:

- wybór odpowiedniego miejsca wkłucia,

- założenie dostępu zgodnie z zasadami aseptyki i antyseptyki,

- zabezpieczenie miejsca wkłucia opatrunkiem z przeźroczystej folii poliuretanowej, która chroni przed zakażeniem i ułatwia codzienną obserwację,

- zmiana opatrunku przy zabrudzeniu, zamoczeniu i wg potrzeb,

- przestrzeganie czasu utrzymania kaniuli centralnej w naczyniu /21dni/,

- obserwacja pacjenta po przyjęciu leków w kierunku wystąpienia działań niepożądanych czy nietolerancji leków,

- ogólne zasady dotyczące przechowywania, kontroli i dokumentowania podaży zleconych leków jak w farmakoterapii doustnej [7].

W przypadku podaży leków przez *dostęp obwodowy* istotne jest:

- dokonanie odpowiedniego wyboru miejsca wkłucia:

- założenie dostępu zgodnie z procedurą i zasadami aseptyki i antyseptyki,

- zabezpieczenie miejsca wkłucia przeźroczystym, wodoodpornym i sterylnym opatrunkiem,

- opatrunek zabrudzony lub mokry musi być niezwłocznie zmieniony,

- kontrola miejsca wkłucia 2 x dziennie,

- obserwowanie pacjenta w kierunku wystąpienia działań niepożądanych leków,

- stosowanie ogólnych zasad dotyczących przechowywania i kontroli zleconych leków przed podaniem jak w farmakoterapii doustnej,

- dokumentowanie podaży zleconych leków [7].

Działania opiekuńczo – pielęgnacyjne:

Pielęgniarka pomaga choremu w rozwiązywaniu jego indywidualnych problemów wynikających z choroby oraz wynikających z jego indywidualnej reakcji na stosowane metody diagnozowania, leczenia i rehabilitacji.

1. Udział pielęgniarki w utrzymaniu prawidłowej ciepłoty ciała

Podwyższenie temperatury spowodowane jest wniknięciem patogenu do organizmu i zakażeniem. Interwencje pielęgniarskie polegają na:

- systematycznym prowadzeniu pomiaru temperatury,

- dokumentowaniu dokonanych pomiarów,

- zastosowaniu okładu chłodzącego, zimnego kompresu żelowego lub worka z lodem na czoło, po obu stronach szyi, w pachwinach,

- wykonaniu kąpieli ochładzającej,

- zastosowaniu dodatkowych okryć podczas występowania dreszczy,

- dbaniu o higienę pacjenta w czasie gorączki,

- częstej zmianie bielizny osobistej i pościelowej,

- utrzymaniu wilgotności powietrza na sali w granicach 50-70%,

- utrzymaniu temperatury na sali w granicach 18-20^{0}C,

- wietrzeniu sali,

- nawilżaniu błon śluzowych jamy ustnej i uzupełnianiu niedoborów płynowych,

- podaniu środka p/gorączkowego na zlecenie lekarza.

2. Udział pielęgniarki w utrzymaniu higieny ciała

Udział pielęgniarki w utrzymaniu higieny ciała polega na pomocy pacjentowi w wykonaniu toalety ciała, a w zaawansowanej fazie choroby wymaga całkowitego przejęcie czynności przez pielęgniarkę bądź opiekuna.

3. Udział pielęgniarki w odżywianiu

Ze względu na zaburzenia świadomości występujące w zapaleniu opon mózgowo-rdzeniowych i mózgu oraz związane z tym zaburzenia odruchu połykania występuje ryzyko niedożywienia. Niedożywienie to stan spowodowany niedostateczną podażą pokarmów lub znaczną utratą substancji odżywczych, dotyczące głównie niedoborów energii i białka. Najprostszym sposobem oceny stanu odżywienia jest pomiar masy ciała i wzrostu obliczenie i interpretacja wskaźnika BMI.

Spożywanie posiłków może odbywać się na kilka sposobów.

Zadaniem pielęgniarki *w żywieniu tradycyjnym* jest dbałość o estetykę posiłku, właściwy skład i temperaturę, podawanie posiłków o odpowiedniej konsystencji dostosowanej do stanu pacjenta, prowadzenie kontroli ilości wypijanych płynów (w przypadku zapaleń mózgu pacjent powinien przyjąć ¾ zapotrzebowania wodnego w celu zapobiegania obrzękowi mózgu), systematyczne kontrolowanie masy ciała, wykonywanie testu fałdu skórnego w celu dokonania oceny stanu nawodnienia.

W przypadku *karmienia przez sondę nosowo-żołądkową* należy dobrać odpowiedni rodzaj i rozmiar zgłębnika, założyć sondę zgodnie z procedurą, przygotować pokarm płynny w temperaturze pokojowej, przed podaniem porcji pokarmu należy sprawdzić zawartość żołądka przez odciągnięcie treści, ocenić ilość i zawartość ewentualnych zalegań, obserwować w kierunku wystąpienia powikłań tj. martwica przegrody nosowej, owrzodzenia, zapalenia zatok obocznych nosa czy perforacji przełyku.

Żywienie przez gastrostomię stawia przed pielęgniarką następujące zadania i wymaga następującej wiedzy:

- Karmienie przez gastrostomię zalecane jest przy przewidywanym okresie żywienia istotnie dłuższym niż 30 dni.
- W żywieniu można stosować zmiksowaną dietę kuchenną, która jest przyrządzana z takich składników, jak zwykła dieta domowa. Wadą mieszanki własnej jest niepewny skład, co może prowadzić do podania choremu składników przez niego nietolerowanych.
- Miksowana dieta nie może być zbyt gęsta, ponieważ gęsta mieszanka zwiększa ryzyko zatkania zgłębnika.
- Korzystne dla chorego jest stosowanie diet przemysłowych, które mają stały i ściśle określony skład, są dobrze tolerowane i jałowe. Bogata oferta preparatów diet przemysłowych umożliwia dostosowanie do stanu klinicznego pacjenta.
- Aby zapobiec zatkaniu zgłębnika, przed każdym rozpoczęciem i po zakończeniu podawania diety lub leku, jednak nie rzadziej niż co 8 godzin, zgłębnik należy przepłukać 25 ml przegotowanej wody.
- Należy zachować co najmniej 6 do 8 godzin nocnej przerwy w karmieniu.
- Jeżeli pacjent ma choć częściowo zachowaną możliwość połykania, może przyjmować doustnie letnie płyny w małych ilościach.
- Należy zapewnić właściwą higienę jamy ustnej i nosowej nawet wtedy, gdy pacjent nie przyjmuje niczego doustnie. Zaleca się płukać jamę ustną wywarami z ziół (rumianek, szałwia) lub gotowymi preparatami ziołowymi (Dentosept). W przypadku pojawienia się grzybicy należy zapytać lekarza o preparaty antyseptyczne, np.: Apthin, Borasol, Sachol.
- Aby zdezynfekować lub umyć okolice przetoki, należy poluzować zewnętrzną płytkę mocującą i odsunąć ją na 1-2 cm od skóry. Po oczyszczeniu skóry, dokładnie ją osuszyć, co ma zapobiec tworzeniu się ran. Przysunąć płytkę na poprzednią pozycję-około 2 mm od skóry. Zewnętrzna płytka mocująca zapobiega przesuwaniu się zgłębnika.
- Po około 2 tygodniach po całkowitym zagojeniu się przetoki wystarczy skórę dokładnie myć, używając delikatnego roztworu wody z mydłem (pH 5,5) i dokładnie osuszać.
- Kremy i talk nie powinny być nakładane w okolicach przetoki.
- Zgłębnik należy codziennie obracać o 180°, najlepiej w czasie mycia okolic przetoki.

W żywieniu pozajelitowym do zadań pielęgniarki należy:

- przygotowanie preparatów odżywczych zgodnie z procedurą i zasadami aseptyki i antyseptyki,

- monitorowanie stanu pacjenta podczas podawania preparatów,

- kontrolowanie wyników badań laboratoryjnych.

Ważnym elementem żywienia jest obserwacja pacjenta w kierunku wystąpienia objawów nietolerancji diety tj. wymioty i biegunki, które są niejednokrotnie także objawem choroby podstawowej.

Niezależnie od przyczyny postępowanie pielęgniarskie w przypadku wystąpienia *wymiotów* polega na:

- ułożeniu dziecka w pozycji półwysokiej lub wysokiej, co zapobiega aspiracji wymiocin do dróg oddechowych i ucha środkowego,
- monitorowanie ilości treści wymiotnej ma znaczenie w bilansie płynów,

- obserwacja stanu nawodnienia przez ocenę napięcia skóry i wilgotności śluzówek pozwala na wczesne wykrycie zaburzeń gospodarki wodno-elektrolitowej,
- obecność pielęgniarki przy dziecku w czasie wymiotów zmniejsza niebezpieczeństwo zachłyśnięcia, poprawia samopoczucie i daje poczucie bezpieczeństwa.

W przypadku wystąpienia *biegunki* ważna jest:
- ocena stopnia nasilenia przez obserwowanie i dokumentowanie częstości, konsystencji i liczby oddawanych stolców,
- pielęgnowanie skóry pośladków (częstą kontrolę i zmianę pieluch, dokładne mycie skóry ciepłą wodą i delikatne osuszenie po każdym oddaniu stolca, natłuszczenie maścią ochronną, wietrzenie skóry, obserwacja w celu wykrycia zmian skórnych),
- systematyczna ocena elastyczności skóry stanu nawodnienia błon śluzowych,
- seryjny pomiar masy ciała w ciągu doby i udokumentowanie go,
- prowadzenie karty bilansu płynów,
- ocena diurezy,
- pobieranie krwi do badań równowagi kwasowo-zasadowej i elektrolitowej,
- uzupełnianie płynów i elektrolitów w organizmie przez częste podawanie małych porcji chłodnych płynów lub doustnych preparatów hipoosmolarnych tj. Gastrolit,
- obserwacja tolerancji płynów podawanych doustnie,
- w przypadku niepowodzenia nawodnienia doustnego należy stosować nawodnienie dożylne wg zleceń lekarskich,
- monitorowanie i ocena skuteczności terapii zaburzeń wodno-elektrolitowych,
- dokumentowanie podjętych działań,
- po ustąpieniu biegunki wskazany jest stopniowy powrót do wcześniejszej diety i obserwacja jej tolerancji,
- atmosfera życzliwości i uwzględnienie przyzwyczajeń dziecka zapobiega negatywnym skutkom hospitalizacji [1,7].

4. Udział pielęgniarki w bezpiecznym przemieszczaniu się chorego

Rola pielęgniarki w zapewnieniu bezpiecznych warunków przemieszczania się polega na:
- zastosowaniu odpowiedniego obuwia z gumową podeszwą, stabilizujące i podtrzymujące staw skokowy,
- asystowanie choremu podczas chodzenia,
- pomocy przy zmianie pozycji złożeniowej w przypadku pacjentów leżących,
- w miarę możliwości werandowanie pacjenta na wózku.

5. Udział pielęgniarki w zaspokajaniu potrzeb fizjologicznych

Zaparcia to zbyt mała częstość wypróżnień (<2) lub twarde stolce oddawane z wysiłkiem i często z towarzyszącym uczuciem niepełnego wypróżnienia. Mogą objawiać się też zmianą częstotliwości oddawania stolca, konsystencji i występowania bólu przy defekacji.

Zaparcia w zapaleniu opon mózgowo-rdzeniowych spowodowane mogą być długotrwałym unieruchomieniem w przypadku występowania zaburzeń świadomości w przebiegu choroby i wystąpienia powikłań.

Current issues in pediatric nursing

Zmniejszenie możliwości występowania zaparć można uzyskać przez:

- stosowanie diety bogatej w błonnik oraz płyny, wywary z ziół i soki, które zmiękczają stolec i przyspieszają motorykę jelit,
- regularne przyjmowanie posiłków jest podstawowym wymogiem leczenia dietetycznego. Posiłki powinny być podawane 4-5 razy dziennie,
- uaktywnianie pacjenta i zwiększenie aktywności ruchowej podczas leżenia w łóżku przyspieszają perystaltykę jelit,
- w miarę możliwości wskazane jest układanie pacjenta na brzuchu,
- ulgę przynosi masaż brzucha w kierunku zgodnym z ruchem wskazówek zegara,
- stosowanie środków torujących (parafina, laktuloza), rozrzedzają stolec,
- wlewki doodbytnicze (Enema, Rectanal) ułatwiają wydalanie kału,
- ustalenie stałej pory defekacji i wywoływanie w tym czasie parcia na stolec. Stymulacja odbytu pobudza odruchowe wydalanie,
- zapewnienie intymności i spokoju,
- w miarę możliwości przyjęcie wygodnej, fizjologicznej podczas defekacji pozycji kucznej z udami uciskającymi brzuch,
- w przypadku tzw. kamieni kałowych stosuje się zabieg ręcznej ewakuacji stolca w znieczuleniu miejscowym [1,7],
- ważne jest prowadzenie oceny i dokumentacji wydalania.

Nietrzymanie moczu to stan polegający na oddawaniu małych porcji moczu lub całkowitym opróżnieniu pęcherza moczowego bez udziału woli pacjenta. Występuje w zaburzeniach świadomości. Osoby z nietrzymaniem moczu są narażone na infekcje dróg moczowych.

Zapobieganie polega na:

- unikaniu zakładania cewnika na stałe,
- zakwaszaniu moczu przez suplementację Vit. C, sokiem z żurawiny czy czarnej porzeczki,
- stosowaniu kremów ochronnych,
- systematycznym badaniu moczu, ponieważ zmiany w osadzie moczu mogą wskazywać na infekcję dróg moczowych, mimo, że nie ma objawów klinicznych,
- treningu pęcherza moczowego przez stosowanie ćwiczeń wzmacniających mięśnie miednicy, napinanie i rozluźnianie mięśni otaczających cewkę moczową,
- stosowaniu produktów chłonnych (pieluchy, podkłady)
- częstej zmianie pieluch,
- dokładnej toalecie okolic intymnych.

Zatrzymanie moczu to niemożność opróżnienia pęcherza moczowego prowadząca do zalegania moczu.

Nietrzymanie moczu może być częściowe lub całkowite i wymaga cewnikowania.

W interwencjach pielęgniarskich należy uwzględnić:

- dobór średnicy cewnika,
- cewnikowanie wykonać z uwzględnieniem zasad aseptyki i antyseptyki,
- dbałość o higienę krocza,
- zakwaszanie moczu przez suplementację Vit. C, sokiem z żurawiny czy czarnej porzeczki,

- wymiana cewnika co 7-10 dni w przypadku cewnika lateksowego,
- wymiana cewnika silikonowego co 4-6 tygodni,
- wymiana cewnika w każdym przypadku stwierdzenia niedrożności,
- codzienna wymiana worka na mocz,
- kontrola drożności cewnika po zmianie pozycji ciała pacjenta,
- worek powinien być umieszczony poniżej poziomu pęcherza moczowego by nie blokować odpływu moczu z pęcherza,
- okresowe zaciskanie cewnika zapobiega marskości pęcherza moczowego i przyspiesza powrót automatyzmu pęcherzowego,
- obserwacja w kierunku wystąpienia objawów infekcji,
- badanie ogólne moczu [1,7].

6. Udział pielęgniarki w zapewnieniu odpowiednich warunków spędzania czasu wolnego

W redukcji stresu szpitalnego duże znaczenie ma zorganizowanie czasu wolnego małym pacjentom. W szpitalach dziecięcych zatrudniona jest wykwalifikowana kadra nauczycielska, która zapewnia możliwość realizowania obowiązku szkolnego na oddziale szpitalnym. Nawet pacjenci wymagający izolacji, których stan kliniczny pozwala na to, mogą brać udział w indywidualnych zajęciach lekcyjnych. Zajęcia świetlicowe są kolejnym elementem edukacji i rehabilitacji bio-psycho-społecznej dzieci z zapaleniem opon mózgowo-rdzeniowych i mózgu zarówno w trakcie choroby (indywidualne ze względu na izolację), jak i po ustąpieniu ostrych objawów (w grupie). Dzieci w trakcie wykonywania prac świetlicowych usprawniają funkcje manualne i poznawcze, rozwijają zdolności plastyczne, realizują potrzeby samoakceptacji i poczucia własnej wartości, zdobywają nowe umiejętności.

Zabawa czyni dzień bardziej podobny do domowej codzienności, przynosi dziecku radość, łagodzi stres, wzmaga poczucie bezpieczeństwa, pomaga zapomnieć o niedogodnościach życia szpitalnego [3].

W szpitalach organizowane są imprezy okolicznościowe dla dzieci z okazji świąt zwyczajowych. Są one zawsze niezwykłą atrakcją i wielką niespodzianką dla małych pacjentów. Dają im wiele radości i w dużym stopniu redukują poczucie lęku.

7. Udział pielęgniarki w zapewnieniu odpowiednich warunków snu i wypoczynku

Udział pielęgniarki w zapewnieniu odpowiednich warunków snu i wypoczynku polega na:
- aktywizacji pacjenta w ciągu dnia,
- stosowaniu ćwiczeń gimnastycznych i spacerów w dzień,
- przygotowaniu pokoju do snu poprzez wietrzenie,
- zapewnieniu ciszy lub spokojnej, relaksującej muzyki,
- włączeniu oświetlenia nocnego w razie potrzeby,
- umieszczeniu dzwonka w zasięgu ręki pacjenta,
- obecności przy chorym podczas zasypiania,
- ograniczeniu spożycia zbyt dużej ilości płynów w godzinach wieczornych,
- zastosowaniu środków fizycznych w postaci masażu lub ciepłej kąpieli,
- opróżnieniu pęcherza moczowego bezpośrednio przed snem,

- zabezpieczeniu łóżka z obu stron chroniącymi pacjenta przed upadkiem barierkami ze względu na często występującą dezorientację.

Piśmiennictwo:

1. Adamczyk. K.: Pielęgniarstwo neurologiczne. Czelej, Lublin 2000.
2. Bernat K.: Pediatria i pielęgniarstwo pediatryczne. Czelej, Lublin 2005.
3. Dróżdż-Gessner Z.: Pielęgniarstwo pediatryczne. Urban & Partner, Wrocław 2006.
4. Emich-Widera E., Surmik J.: Aseptyczne zapalenie opon mózgowo-rdzeniowych. Klinika Pediatryczna. 2007;15(4) s.438-440.
5. Iłżecka J., Milanowska D., Nowicka J.: Aspekty epidemiologiczne, kliniczne i biochemiczne zapaleń opon mózgowo-rdzeniowych. Diagnostyka Laboratoryjna. 2006;42(3) s.361-367.
6. Kaciński M.: Choroby zapalne układu nerwowego u dzieci. PZWL, Warszawa 2005.
7. Kózka M., Płaszewska-Żywko L.: Diagnozy i interwencje pielęgniarskie. Podręcznik dla studiów medycznych. PZWL, Warszawa 2008.
8. Matecka M.: Wsparcie emocjonalne i informacyjne jako formy oddziaływania pielęgniarki na stan psychiczny dziecka hospitalizowanego. Pielęgniarka Polska.2004;(1/2)s.22-28.
9. Mazur. R.: Neurologia Kliniczna dla lekarzy i studentów medycyny. Via Medica, Gdańsk 2005.
10. Olszewska D., Śmietanka L.: Przyjęcie dziecka do szpitala. Pielęgniarka i Położna.1998;(3)s.8-9.
11. Skoczyńska A., Kadłubowski M., Hryniewicz W.: Zasady postępowania w przypadku zakażeń ośrodkowego układu nerwowego wywołanych przez Neisseria meningitidis i inne drobnoustroje. A-medica Press, Bielsko-Biała 2004.

Rola pielęgniarki w opiece nad dzieckiem z zapaleniem opon mózgowo-rdzeniowych i mózgu – wybrane aspekty opieki, cz.2

Urszula Rola

Choroba jest źródłem psychicznego i emocjonalnego obciążenia szczególnie dla małego pacjenta. Hospitalizacja stawia przed nim szereg różnorodnych wyzwań i problemów. Właściwe oddziaływanie i postępowanie z dzieckiem i jego rodziną ułatwia im odnalezienie się w trudnej sytuacji, zmniejsza poziom lęku oraz zaspokaja poczucie bezpieczeństwa [8].

Działania psychoterapeutyczne

Choroba dziecka jest trudnym doświadczeniem dla całej rodziny. Jest dla rodziców szokiem, swoistym urazem psychicznym. Zmienia funkcjonowanie zarówno rodziny jako całości, jak i poszczególnych jej członków, matki, ojca, rodzeństwa, niekiedy dalszych krewnych. Często rodzice nigdy wcześniej nie słyszeli o danej chorobie, nie potrafią odnieść usłyszanych informacji do posiadanej wiedzy o anatomii i fizjologii człowieka. Pogłębia to ich dezorientację, poczucie bezradności i lęk. Problemem bywa niekiedy także potoczna wiedza o niektórych chorobach. Padaczka czy wodogłowie, które są częstym powikłaniem chorób neuroinfekcyjnych, są w pewnym stopniu zapisane w świadomości społecznej w utrwalony negatywny sposób, co ma wpływ na stosunek do dziecka, wizję jego przyszłości i wiarę w skuteczność leczenia. Gdy choroba dziecka wiąże się z trwałą niepełnosprawnością w świadomości rodziców i w ich zachowaniu pojawia się reakcja żalu po stracie „zdrowego dziecka", związanych z nim planów i nadziei.

Gdy dziecko wymaga stałej opieki, pielęgnacji i rehabilitacji, rodzice muszą występować jednocześnie w kilku rolach: pielęgniarki, rehabilitanta, ojca/matki. Często utrudnia to nawiązanie więzi z dzieckiem, sprzyja przedmiotowemu traktowaniu go i prowadzi do wytworzenia emocjonalnego dystansu.

Pomoc dziecku choremu oznacza więc także pomoc jego rodzinie w adaptacji do warunków zmienionych przez chorobę. Konieczne jest zarówno wyczerpujące informowanie o chorobie, możliwych i podejmowanych działaniach leczniczych, zagrożeniach, rokowaniu, jak i udzielanie wskazówek co do opieki nad dzieckiem oraz postępowania w razie wystąpienia zaostrzenia dolegliwości. Rodzice muszą dokładnie wiedzieć, co w życiu codziennym mogą zrobić dla swojego dziecka co zmniejszy ich poczucie bezradności i lęku.

Pamiętać trzeba, że na oswojenie się z chorobą, sposobem leczenia i nabranie dystansu do sytuacji potrzebny jest czas oraz przyzwolenie na przeżycie pojawiających się „po drodze" żalu, krzywdy, złości, apatii i zniechęcenia. Wyzwolone przemijają i pozwalają na przybranie bardziej konstruktywnych metod działania nastawionych na koncentrowanie się na walce z chorobą, zdobywanie wiedzy o chorobie i swoich możliwościach działania, wspieranie dziecka, wytwarzanie poczucia wpływu na zdarzenia, efektywne i mądre działanie, jasne określenie celów i metod działania, współpraca z zespołem terapeutycznym, zaufanie i konsekwencja [9].

1. Udział pielęgniarki w zaspokajaniu potrzeb duchowych pacjentów i opiekunów

W szpitalach stworzone są miejsca kultu religijnego dla pacjentów i opiekunów. Zagubieni, osamotnieni, osaczeni przez chorobę ludzie czasem buntują się, zamykają w sobie.

Kapelan szpitalny pomaga chorym odnaleźć się w tej trudnej chwili. Często, dzięki niemu, wracają do Boga i do życia. Zawsze uśmiechnięty, pogodny, taktowny, potrafi doradzić. Ma świetny kontakt z chorymi. Jest ich psychoterapeutą.

Pielęgniarka powinna umożliwić kontakt pacjenta i rodziny z kapelanem, wskazać możliwości realizacji potrzeb duchowych i kultu religijnego oraz lokalizację kaplicy szpitalnej, jeśli pacjent wykazuje zainteresowanie.

Działania rehabilitacyjne

W wyniku uszkodzenia ośrodkowego układu nerwowego przez infekcje zaburzone zostają podstawowe funkcje organizmu i dotychczasowy rozwój. Z uwagi na dużą plastyczność mózgu oraz zdolność kompensacji uszkodzonych komórek przez sąsiednie komórki nerwowe istnieje duża szansa na poprawę stanu dziecka [4].

Usprawnianie chorych zmierza do utrzymania ich zdolności motorycznych, poprawy sprawności układu oddechowego, krążenia i układu trawiennego jak również wpływa na koncentrację psychiczną pacjenta. Podstawowym priorytetem jest poprawa samodzielności chorego w zakresie wykonywania czynności życia codziennego i zapewnienie możliwości lokomocji [10].

Do działań usprawniających należy włączyć terapię ruchową, fizykoterapię, terapię zajęciową, muzykoterapię, biblioterapię, trening behawioralny obejmujący umiejętności potrzebne do samodzielnego funkcjonowania we wszystkich sferach życia. Jego dynamikę i tematykę należy dostosować do indywidualnych potrzeb i możliwości chorego [7].

W przypadku pacjentów leżących najbardziej wskazane jest prowadzenie gimnastyki oddechowej, wykonywanie ćwiczeń biernych oraz zastosowanie masaży.

Istotnym elementem wspierającym proces rehabilitacji jest codzienna, prawidłowa pielęgnacja.

Etapy i zasady w drodze efektywnej pielęgnacji to:

- pełne poznanie możliwości i ograniczeń dziecka,
- aktywizacja dziecka w ciągu całego dnia podczas układania, noszenia, jedzenia, kąpieli i ubierania. Większość małych pacjentów chętniej wykonuje ćwiczenia połączone z codzienną zabawą i pielęgnacją, niż podczas odrębnych sesji,
- intensywność i systematyczność. Nauczone czynności ruchowe podczas sesji terapeutycznej powinny być wdrażane w czasie pielęgnacji i zabawy z dzieckiem,
- wielokierunkowe oddziaływanie poprzez zmysł wzroku, węchu, dotyku, słuchu i równowagi,
- stymulacja aktywnego uczestnictwa dziecka w czynnościach dnia codziennego [4].

Działania edukacyjne realizowane w stosunku do dziecka i opiekunów

Działania edukacyjne podejmowane przez pielęgniarkę w stosunku do pacjenta i jego opiekunów to przede wszystkim rzetelne przekazanie niezbędnych informacji na temat istoty choroby, jej objawów i przebiegu oraz budowanie w dziecku i opiekunach przekonania, że są oni otoczeni życzliwą i profesjonalną opieką. Przygotowanie rodziny i opiekunów do sprawowania opieki nad chorym. Zapoznanie ich z zasadami przechowywania i sposobami podawania leków, uświadomienie konieczności przestrzegania zasady systematyczności podawania leków, oraz zaznajomienie z możliwością wystąpienia działań niepożądanych poszczególnych leków i sposobami postępowania w przypadku ich wystąpienia. Kluczowe jest wskazanie instytucji wspierających osoby chore i ich rodziny.

Działania profilaktyczne

Wśród chorych na zapalenie opon mózgowo-rdzeniowych i mózgu w dalszym ciągu notuje się duży odsetek powikłań i trwałych następstw neurologicznych w postaci niedowładów połowiczych lub porażeń spastycznych, niewydolności krążeniowej i oddechowej [11].

Rodzi to konieczność podjęcia odpowiednich działań pielęgniarskich w celu p/działania skutkom powikłań.

1. Udział pielęgniarki w profilaktyce odleżyn

Odleżyny stanowią poważną grupę powikłań niedowładów i długotrwałego unieruchomienia. Zmiany martwicze tkanek powstają w skutek zaburzeń ukrwienia wywołanego uciskiem. Wpływają na obniżenie samopoczucia chorego przez generację dolegliwości bólowych. Podstawowymi elementami działań profilaktyki przeciwodleżynowej są:

1. Określenie ryzyka rozwoju odleżyny na podstawie oceny stanu skóry w momencie przyjęcia do szpitala i ponawianie jej najlepiej codziennie, określenie mobilności pacjenta, sposobu załatwiania potrzeb fizjologicznych, stopnia odżywienia i nawodnienia pacjenta, występowania niedoborów białkowych i ewentualnych braków w dotychczasowej pielęgnacji.
2. Pielęgnacji skóry polegającej na stosowaniu masaży, nacierań, oklepywań.
3. Regularna zmiana pozycji ciała jest skuteczną strategią zredukowania i złagodzenia ucisku. U pacjentów z ryzykiem powstania odleżyn należy co 2 godziny zmieniać pozycję ciała.
4. Odciążenie od ucisku miejsc narażonych na odleżyny dzięki użyciu sprzętu pomocniczego w postaci wałków, klinów, podkładek pod plecy i podpórek pod pięty.
5. Odżywianie i nawadnianie ma duże znaczenie w profilaktyce odleżyn. Zmniejszenie warstwy tkanki tłuszczowej i odwodnienie zmniejsza elastyczność skóry i tolerancję na ucisk a ryzyko uszkodzeń wzrasta. Należy dbać o odpowiednią kaloryczność posiłków i zawartość zwłaszcza białka.
6. Fizjoterapia służy utrzymaniu aktualnego zakresu ruchów oraz poprawie poziomu sprawności. Systematyczne prowadzenie ćwiczeń skutecznie ogranicza m.in. występowanie przykurczów, odwapnienia kości, zaburzeń ukrwienia i bolesności, obniża ryzyko powstania odleżyn i działa leczniczo na cały organizm.
7. Wyrównywanie zaburzeń np. poziomu cukru, żelaza czy elektrolitów wg zleceń lekarskich
8. Dokumentowanie podejmowanych działań [1,2,3,5,6].

2. Udział pielęgniarki w profilaktyce odparzeń

Odparzenia to zmiany skórne spowodowane ciepłotą i wilgotnością stykających się ze sobą dwóch fałdów skórnych. Łatwo powstają na niej bolesne, sączące rany, co sprzyja rozwojowi infekcji bakteryjnych lub grzybiczych.

Profilaktyka polega na przestrzeganiu higieny osobistej i pielęgnacji skóry za pomocą talku czy innych środków izolujących, zawierających cenne substancje przyspieszające gojenie się ran, łagodzące ból, a także działające przeciwbakteryjnie i przeciwzapalnie np. Sudocrem, Lotion Bepanthen, który działa leczniczo i łagodząco oraz Linomag Plus przyspieszający gojenie się ranek [1].

3. Udział pielęgniarki w profilaktyce zakrzepicy

Profilaktyka zakrzepicy polega na wykonywaniu gimnastyki kończyn dolnych w celu polepszenia krążenia w tej części ciała. Temu samemu celowi służą również masaże kończyn w kierunku serca za pomocą szczotki, co zapobiega także zastojowi krwi żylnej. Profilaktycznym działaniem jest także ułożenie kończyn dolnych wyżej, jednak bez podkładania wałków pod kolana [1,6].

4. Udział pielęgniarki w profilaktyce przykurczy i zaników mięśniowych

Zapobieganie przykurczom stawowym i zanikom mięśni polega na:

- układaniu pacjenta w pozycji fizjologicznej,
- ocenie ruchomości stawów i napięcia mięśniowego,
- zmianie pozycji co 2 godziny,
- wykonywaniu biernych ćwiczeń ruchowych,
- wykonywaniu ćwiczeń czynnych we wszystkich stawach w pełnym zakresie,
- stosowaniu masaży i nacierań,
- wzmacnianiu nieporażonych mięśni,
- pobudzaniu czynnych mięśni różnymi bodźcami proprioceptywnymi przez drażnienie skóry stóp, podudzi i tułowia w czasie wykonywania czynności pielęgnacyjnych.
- kształtowaniu poczucia równowagi i schematu ciała w różnych pozycjach w celu umożliwienia lokomocji,
- odpowiednim zaopatrzeniu ortopedycznym zabezpieczającym przed deformacjami i kompensującym zniekształcenia.

5. Udział pielęgniarki w utrzymaniu prawidłowych parametrów oddychania

Wskutek długotrwałego unieruchomienia i zaburzeń krążeniowo-oddechowych łatwo dochodzi do powikłań płucnych.

Działania zapobiegające tym powikłaniom polegają na:

- częstej zmianie pozycji ciała,
- ułożeniu głowy pod kątem 30°, z twarzą zwróconą na bok w celu zapobiegania zapadaniu języka,
- nacieranie i masaż klatki piersiowej,
- oklepywanie klatki piersiowej,
- ćwiczenia oddechowe,
- zapewnienie właściwego mikroklimatu przez częste wietrzenie sali i nawilżanie powietrza,
- prawidłowe odżywianie,
- właściwe ubranie z naturalnego, przewiewnego surowca [1].

6. Udział pielęgniarki w immunoprofilaktyce zakażeń ośrodkowego układu nerwowego

Od urodzenia jesteśmy stale narażeni na działanie wszechobecnych wirusów i bakterii, które przy sprzyjających okolicznościach mogą przełamać nasz system odpornościowy i wywołać ciężkie schorzenia. Dlatego ważną sprawą staje się odpowiednie stymulowanie naszego układu immunologicznego poprzez rozpoczynające się od pierwszych dni naszego życia szczepienia ochronne, a następnie kontynuowanie ich zgodnie z obowiązującym kalendarzem szczepień. Jak wykazały długoletnie badania i obserwacje jest to najbardziej skuteczna broń w walce z chorobami zakaźnymi, dzięki której udało się zmniejszyć liczbę zachorowań na odrę, gruźlicę, tężec, krztusiec. Szczepionki są to preparaty biologiczne, stosowane w uodpornieniu czynnym, które zawierają antygeny wywołujące w zaszczepionym organizmie produkcję swoistych przeciwciał i pozostawiają w pamięci immunologicznej ślad, który pozawala na szybką produkcję przeciwciał po ponownym zetknięciu z drobnoustrojem. Przy przestrzeganiu odpowiedniego cyklu szczepień odporność jest długotrwała. Największa intensywność programów szczepień dotyczy dzieci i młodzieży ze względu na konieczność wczesnego uodpornienia przeciw najgroźniejszym chorobom zakaźnym.

Działania w zakresie promowania zdrowia

Do zadań zespołu pielęgniarskiego w zakresie promowania zdrowia należy, współdziałanie w tworzeniu grup wsparcia i grup samopomocowych, przygotowanie i udostępnienie środków dydaktycznych promujących zdrowy styl życia, dostarczanie broszur, poradników i ulotek informacyjnych na temat choroby, zachęcanie do systematycznych wizyt kontrolnych u lekarza prowadzącego, propagowanie szczepień ochronnych.

Piśmiennictwo:

1. Adamczyk. K.: Pielęgniarstwo neurologiczne. Czelej, Lublin 2000.
2. Bernat K.: Pediatria i pielęgniarstwo pediatryczne. Czelej, Lublin 2005.
3. Dróżdż-Gessner Z.: Pielęgniarstwo pediatryczne. Urban & Partner, Wrocław 2006.
4. Gajewska E., Samborski W.: Pielęgnacja dziecka z uszkodzeniem mózgu. Pielęgniarstwo Polskie 2004;(1/2):52-54.
5. Jaracz K., Kozubski W.: Pielęgniarstwo neurologiczne. Podręcznik dla studiów medycznych. PZWL, Warszawa 2008.
6. Kózka M., Płaszewska-Żywko L.: Diagnozy i interwencje pielęgniarskie. Podręcznik dla studiów medycznych. PZWL, Warszawa 2008.
7. Liberski P., Kozubski W.: Choroby układu nerwowego. PZWL. Warszawa 2004.
8. Matecka M.: Wsparcie emocjonalne i informacyjne jako formy oddziaływania pielęgniarki na stan psychiczny dziecka hospitalizowanego. Pielęgniarka Polska.2004;(1/2):22-28.
9. Michałowicz R., Jóźwiak S.: Neurologia dziecięca. Urban & Partner, Wrocław 2000.
10. Podemski R.: Kompendium neurologii. Via Medica, Wrocław 2008.
11. Poliszuk-Siedlecka M., Wojaczyńska-Stanek K., Jamroz E. i inni.: Opryszczkowe zapalenie mózgu u dzieci. Wiadomości Lekarskie 2004;57(9/10):444-448.

Udział pielęgniarki w żywieniu enteralnym u dzieci z zaburzeniami ośrodkowego układu nerwowego

Małgorzata Styczeń

Jednym z ważnych elementów prawidłowego rozwoju psychoruchowego dziecka jest zapewnienie mu właściwej podaży energii i składników pokarmowych. Dieta dziecka powinna być dostosowana do jego wieku, indywidualnego zapotrzebowania na płyny i substancje odżywcze.

U dzieci z chorobami neurologicznymi często występują trudności w karmieniu z powodu nieprawidłowego funkcjonowania przewodu pokarmowego, które prowadzą do postępującego niedożywienia i zachwiania stanu ogólnego oraz neurologicznego dziecka. Dlatego, aby nie dopuścić do tak groźnych powikłań u pediatrycznych pacjentów coraz częściej wprowadza się leczenie żywieniowe. Jest to podaż składników pokarmowych, czyli energii, białka, witamin i pierwiastków śladowych w płynach dożylnych lub dietach przemysłowych tym pacjentom, którzy nie mogą przyjmować pokarmu w naturalny sposób ze względu na charakter choroby podstawowej i jej powikłań. Leczenie żywieniowe może być prowadzone drogą dojelitową czyli enteralną lub drogą dożylną czyli parenteralną. U pacjentów pediatrycznych ze sprawnym przewodem pokarmowym, ale nie mogących zjeść lub przyswoić pokarmu w wystarczającej ilości, wprowadza się żywienie enteralne. Żywienie dojelitowe jest bardziej fizjologiczną, bezpieczną i dobrze tolerowaną formą żywienia, która jest alternatywą do żywienia parenteralnego.

Istotnym elementem żywienia dojelitowego jest dobór zbilansowanej diety, która pokryje zapotrzebowanie energetyczne i płynowe dziecka. W cały proces leczenia zaangażowani są lekarze, pielęgniarki, dietetyczki, specjaliści zajęć terapeutycznych, logopedzi, psycholog i pracownik socjalny, którzy czuwają nad stanem ogólnym dziecka, monitorowaniem żywienia enteralnego i niwelowaniem ewentualnych powikłań. Aby leczenie dojelitowego było efektywne należy dokonać wyboru właściwej drogi podaży diety do przewodu pokarmowego [6].

Zaburzenia funkcji przewodu pokarmowego stanowią częste powikłanie u większości dzieci ze schorzeniami OUN, są to: zaburzenia motoryki jamy ustnej, zaburzenia połykania, refluks żołądkowo-przełykowy, zapalenie błony śluzowej żołądka, zaburzenia opróżniania żołądka oraz pasażu jelita.

Dysfagia jest to zaburzenie, które polega na utrudnionym przechodzeniu pokarmu z jamy ustnej przez gardło do przełyku. Charakterystycznymi objawami dysfagii ustno-gardłowej są kaszel i krztuszenie się, także odbijania w trakcie posiłków, niechęć do jedzenia. Towarzyszą jej również ulewania i wymioty, trudności w karmieniu, które może trwać około 45 minut. Występuje również refluks nosowo-gardłowy, który stwarza niebezpieczeństwo aspiracji pokarmu do dróg oddechowych, co prowadzić może do przewlekłego zapalenia płuc. Wszystkie te objawy i problemy prowadzą do słabego przyrostu masy ciała, a w konsekwencji do niedożywienia [8]. W leczeniu zaburzeń połykania należy do diety wprowadzić mieszanki typu AR, oraz zagęszczacze: kleiki lub Nutriton. W trakcie karmienia dziecko należy ułożyć w pozycji półwysokiej, aby zapobiec aspiracji pokarmu. Ważnym elementem leczenia jest również pomoc logopedy, dzięki odpowiednim masażom usprawnia się czynność motoryczną jamy ustnej [10].

Refluks żołądkowo- przełykowy jest to cofanie się treści żołądkowej do przełyku, która może mieć odczyn kwaśny, obojętny lub zasadowy. Dominujące objawy w refluksie żołądkowo- przełykowym to ulewania i wymioty. Natomiast u dzieci ze schorzeniami neurologicznymi choroba może przebiegać skrycie, a pierwszymi objawami mogą być: krwawienie z górnego odcinka przewodu pokarmowego, niepokój dziecka, napady kaszlu, chrypka, bezdechy. Brak apetytu sprawia, że u dziecka obserwuje się słaby przyrost masy ciała, a współistniejące choroby to zapalenie krtani, oskrzeli, płuc oraz astma oskrzelowa. Leczenie refluksu żołądkowo- przełykowego: należy wprowadzić zagęszczone posiłki, które powinny być podawane częściej i w małych porcjach. Zastosowanie mają także leki prokinetyczne i leki hamujące wydzielanie żołądkowe, istotna jest również terapia ułożeniowa. U dzieci ze schorzeniami neurologicznymi często obserwujemy brak pozytywnych efektów leczenia dietetycznego i farmakologicznego, wówczas jest potrzebne leczenie chirurgiczne [8].

U dzieci z zaburzeniami układu nerwowego występuje również zaburzenie opróżniania żołądka, oraz zaburzenia pasażu przewodu pokarmowego, które objawiają się zaparciami. Ważnym elementem leczenia zaparć jest dieta bogatobłonnikowa, oraz odpowiednia ilość płynów. W leczeniu farmakologicznym stosuje się leki poślizgowe- parafina, siemię lniane, leki drażniące- bisakodyl, leki pęczniejące- metyloceluloza, otręby, leki osmotyczne- sole magnezu, laktuloza, makrogole, wlewki doodbytnicze lub czopki.

Natomiast niedożywienie jest konsekwencją niedostatecznej podaży lub upośledzonego przyjmowania pokarmów, celowego głodzenia się lub choroby, która upośledza przyswajanie składników pokarmowych lub zwiększa metabolizm organizmu. U dzieci hospitalizowanych w oddziałach pediatrycznych stwierdza się około 15- 20% niedożywienia różnego stopnia, natomiast u dzieci z zaburzeniami neurologicznymi problem ten dotyczy 20-30% [10]. Niedożywienie jest czynnikiem, który podnosi ryzyko wystąpienia innych chorób, powikłań leczenia, oraz pogorszenia stanu psychicznego i śmierci pacjenta. Wyróżniamy następujące rodzaje niedożywienia: niedożywienie kaloryczne - marasmus, niedożywienie białkowe- kwashiorkor, karłowatość żywieniowa- „nutritional dwarfism". Skutki niedożywienia uzależnione są od ciężkości i czasu trwania zaburzenia odżywiania oraz od okresu rozwojowego dziecka.

W ciężkiej postaci niedożywienia obserwujemy następujące objawy: w przewodzie pokarmowym dochodzi do zaniku śluzówki, spadku masy wątroby i trzustki, oraz spowolniona jest motoryka, skóra jest sucha, cienka, zmarszczona i krucha, włosy są łamliwe, serce ma obniżoną masę, występuje bradykardia i obniżona objętość wyrzutowa, z powodu obniżonej masy mięśni szkieletowych ich siła jest osłabiona, zmniejszona jest czynność płuc, tkanka tłuszczowa jest skąpa, nerki mają mniejszą masę, jest obniżona filtracja kłębkowa i koncentracja moczu, szpik: obniżona masa, leukopenia, lymfocytopenia, system immunologiczny charakteryzuje upośledzona odporność [9].

U dzieci z chorobami neurologicznymi obserwuje się zaburzenia funkcji przewodu pokarmowego, które mają negatywny wpływ na prawidłowe odżywianie dziecka. Również ograniczona możliwość porozumienia się dziecka z opiekunem, sprawia że ma ono trudności w zasygnalizowaniu chęci picia lub jedzenia. Dziecko często odmawia jedzenia, jest zdenerwowane, przeżywa strach i stres. Także zaburzenia motoryczne, takie jak: brak kontroli nad ruchami głowy i tułowia, problem z utrzymaniem w pozycji siedzącej, trudności w koordynacji oko- ręka oraz przybliżania kończyn górnych do ust przyczyniają się do ograniczonej możliwości samodzielnego spożywania posiłku przez dziecko, wówczas jest ono uzależnione od rodziców. Dziecko może mieć również problemy z ssaniem, gryzieniem, żuciem i połykaniem. Wszystko to powoduje, że dziecko wypluwa pokarm, ma trudności z połykaniem płynów, wydłuża się czas karmienia, a w konsekwencji dochodzi do przyjmowania zbyt małej ilości pokarmu. Inne problemy jakie dotykają dzieci to dysfunkcja gardła i opóźniony odruch połykania, które prowadzą do przedostawania się pokarmu do układu oddechowego, krztuszenia się, kaszlu i naraża dziecko na częste infekcje dróg oddechowych. Natomiast dysfunkcja przełyku przyczynia się do ulewania, wymiotów i ma wpływ na powstanie refluksu żołądkowo- przełykowego, zapalenia błony śluzowej przełyku, może również dojść do aspiracji pokarmu do dróg oddechowych.

Wszystkie te problemy żywieniowe sprawiają, że karmienie dziecka jest nieefektywne, spożycie kalorii i składników odżywczych w niedostatecznej ilości, a w konsekwencji dochodzi do niedożywienia i zaburzeń wzrastania. Dlatego ważną rolę odgrywają rodzice, którzy muszą wykazać się dużą cierpliwością i umiejętnością karmienia dziecka, a także rozpoznać kiedy ich dziecko wymaga pomocy ze strony fachowego zespołu medycznego.

Do zdiagnozowania przyczyn problemów z żywieniem dziecka można wykorzystać schemat postępowania według Reilly. Proponuje on aby zebrać dokładny wywiad chorobowy i żywieniowy, przeprowadzić badania antropometryczne, oraz badania ogólne i neurologiczne, dokonać oceny zdolności porozumienia się i oceny funkcji jamy ustnej, gardła i przełyku [3]. Aby poprawić stan odżywienia dziecka, jego komfort w karmieniu oraz jakość życia, należy wdrożyć leczenie żywieniowe, które oparte jest na podaży drogą dojelitową zbilansowanej diety przemysłowej.

Przed rozpoczęciem żywienia dojelitowego należy wykonać szereg badań diagnostycznych, dokonać analizy pomiarów antropometrycznych, oraz zebrać dokładny wywiad dotyczący przebiegu choroby, czasu karmienia, ilości spożywanych posiłków.

Wskazaniem do długotrwałego leczenia żywieniowego jest: gdy dziecko nie przyjmuje doustnie co najmniej 80% wyliczonego zapotrzebowania energetycznego, jeżeli całkowity czas karmienia dziecka przekracza 4 godziny na dobę, gdy jest niewystarczające wzrastanie lub przyrost masy ciała, które utrzymują się od ponad miesiąca u dzieci do 2 roku życia, niedostateczny przyrost masy ciała lub jej zahamowanie, utrzymujące się od 3 miesięcy u dzieci po ukończeniu 2 roku życia, gdy grubość fałdu nad mięśniem trójgłowym ramienia jest poniżej 5 centyla dla wieku [1].

Przed rozpoczęciem żywienia enteralnego określa się potrzeby żywieniowe dziecka biorąc pod uwagę jego stan odżywienia, rozwój fizyczny, współistniejące choroby, a także aktywność ruchową. Również trzeba określić na jak długo przewidziane jest leczenie, jaką metodą odżywiania będzie realizowane, oraz cele leczenia. Powinno się także poinformować rodziców dziecka o korzyściach i ryzyku, jakie jest związane z wprowadzeniem leczenia żywieniowego, zapoznać ich z kosztami i możliwościami alternatywnego leczenia. Opiekunowie dziecka muszą wyrazić zgodę na zastosowanie odpowiedniej metody leczenia. Po przeprowadzeniu oceny wskazań u dziecka do leczenia enteralnego, uzyskane informacje zamieszczamy w karcie kwalifikacji pacjenta do leczenia żywieniowego i oceny ryzyka niektórych powikłań.

Aby rozpocząć i prowadzić leczenie enteralne wymagane jest: wyrównana objętość krwi krążącej, prawidłowy przepływ tkankowy oraz prawidłowe ciśnienie tętnicze i żylne, sprawny oddech, prawidłowe utlenowanie i wydalanie dwutlenku węgla, prawidłowa diureza, prawidłowy poziom glikemii 60 – 150 mg%, unormowane elektrolity - sód, potas, magnez, fosfor, właściwa osmolarność, oraz wyrównana gospodarka kwasowo - zasadowa.

Gdy dziecko zostanie zakwalifikowane do żywienia dojelitowego należy przygotować plan leczenia, który obejmuje: dobranie właściwego programu leczenia żywieniowego, założenie odpowiedniego dostępu do przewodu pokarmowego, prowadzenie rehabilitacji żywieniowej i ruchowej, należy przeprowadzić dokładną diagnostykę, określenie celu leczenia żywieniowego, ustalenie mieszaniny odżywczej do żywienia dojelitowego, szybkości i częstości jej podawania, wybór metody przygotowania i podawania mieszaniny, zasady postępowania z zgłębnikiem nosowo-żołądkowym lub stomią odżywczą, sprzętem i preparatami odżywczymi, plan sprawdzania biochemicznego i badań kontrolnych, metoda rejestracji działań niepożądanych i powikłań, sposób i terminy ocen uzyskania postępów leczenia [7].

Ocena stanu odżywienia dziecka ma na celu określenie jego aktualnego stanu żywieniowego, zapotrzebowania na składniki odżywcze oraz obiektywnych wskaźników identyfikujących niedobory pokarmowe, ryzyko związane z zaburzeniami stanu odżywienia dziecka, a także czynniki medyczne i psycho-socjalne, które mają wpływ na planowanie i stosowanie leczenia. Oceny tej powinna dokonać przeszkolona pielęgniarka, lekarz i dietetyczka według przyjętych zasad. W obiektywnej ocenie należy oprzeć się na analizie wyników antropometrycznych i badań dodatkowych. Ocenę stanu odżywienia dzieci starszych powinno przeprowadzać się raz w roku, a u niemowląt i dzieci młodszych częściej, aby udokumentować prawidłowe wzrastanie i ilość przyjmowanych substancji odżywczych.

Ocena stanu odżywienia u dzieci z zaburzeniami OUN obejmuje: wywiad chorobowy, wywiad żywieniowy - pielęgniarka dokonuje oceny dziecka pod kątem możliwości samodzielnego jedzenia i efektywności karmienia, wywiad dotyczący wzrastania, wywiad środowiskowy, ocena przebiegu wzrastania i pomiarów antropometrycznych, badanie przedmiotowe, obserwacja posiłków - pielęgniarka wnikliwie obserwuje sposób karmienia dziecka oraz ocenia efektywność jedzenia i sprawność motoryczną jamy ustnej.

Istotne jest również jak długo trzeba karmić dziecko, aby podać właściwą ilość pokarmu. A także może zaobserwować zachowanie dziecka w trakcie karmienia czy jest to dla niego nieprzyjemne, czy interakcje dziecko - rodzic są właściwe. Należy przeprowadzić badania diagnostyczne: badania biochemiczne, pH-metria przełyku, kontrastowe badanie górnego odcinka przewodu pokarmowego, gastroskopia, rtg klatki piersiowej.

Żywienie enteralne stosuje się u dzieci ze sprawnie funkcjonującym przewodem pokarmowym, które nie mogą lub nie potrafią przyjmować pożywienia w ilości zaspokajającej zapotrzebowanie na energię i składniki odżywcze. Leczenie żywieniowe wymaga długotrwałego dostępu do żołądka lub bliższego odcinka jelita cienkiego, które powinno być bezpieczne i skuteczne. Wpływ na wybór dostępu do przewodu pokarmowego ma stan kliniczny i stan odżywienia dziecka, czas trwania żywienia, względy anatomiczne oraz współistniejące inne choroby [6].

Dziecko objęte leczeniem enteralnym powinno być monitorowane. Ma to na celu ocenę skuteczności leczenia, ujawnienia objawów niepożądanych oraz ocenę stanu zdrowia, którego zmiany mogą wymagać modyfikacji leczenia żywieniowego. Kontrole powinny odbywać się zgodnie z indywidualnym planem leczenia, w którym określone są terminy badań.

Żywienie enteralne przez zgłębnik stosuje się u dzieci z problemem doustnego podawania pokarmów, oraz gdy ilość pokarmu jest za mała i nie zaspokaja zapotrzebowania na składniki energetyczne i płyny. Żywienie przez zgłębnik nosowo - żołądkowy jest to metoda o minimalnej inwazyjności i ma zastosowanie do krótkotrwałego leczenia żywieniowego u dzieci z niedożywieniem, nasilonymi objawami refluksu żołądkowo - przełykowego lub aspiracji do dróg oddechowych, oraz oczekujących na założenie gastrostomii. U dzieci najczęściej ma zastosowanie miękki zgłębnik nosowo- żołądkowy, który zapewnia dostęp do przewodu pokarmowego na krótszy okres żywienia dojelitowego. Zaletą takiego zgłębnika jest łatwość w wprowadzeniu go do żołądka, umożliwia podawanie posiłków w bolusie, koszt wykonania tej procedury jest niewielki, a położenie zgłębnika nie wymaga potwierdzenia radiologicznego.

Natomiast, jeżeli pacjent wymaga długotrwałego żywienia dojelitowego alternatywą jest założenie przezskórnej endoskopowej gastrostomii - PEG, która jest metodą małoinwazyjną, wiąże się z minimalnym dyskomfortem i po kilku godzinach można rozpocząć karmienie. Jeżeli założenie PEG-u jest niemożliwe, wówczas wytwarza się gastrostomię metodą chirurgiczną zakładając zgłębnik gastrostomijny typu G-Tube. Zabieg ten często połączony jest z wykonaniem fundoplikacji u dzieci z bardzo nasilonym refluksem żołądkowo - przełykowym i zaburzeniami motoryki przewodu pokarmowego.

Karmienie i pielęgnacja dziecka dostosowana jest do rodzaju dostępu do przewodu pokarmowego. U dziecka z założonym zgłębnikiem nosowo - żołądkowym należy przestrzegać obowiązujących zasad przy zakładaniu sondy, karmieniu aby zminimalizować możliwość wystąpienia powikłań ze strony przewodu pokarmowego i oddechowego. Podczas zakładania zgłębnika nosowo - żołądkowego mogą wystąpić takie powikłania jak: opór w otworze nosowym przy zakładaniu - nie należy na siłę przepychać sondy, aby nie uszkodzić śluzówki nosa, zakładamy przez drugą dziurkę nosa; sonda może utrudniać oddychanie, toteż należy dobrać właściwy jej rozmiar, aby nie zajmowała całkowicie otworu nosa; gdy zakładamy sondę z prowadnicą, usuwamy ją powolnym ruchem, żeby nie wysunąć zgłębnika z żołądka; w przypadku pojawienia się kaszlu należy sondę usunąć, gdyż wprowadzona została do dróg oddechowych [5].

Jeżeli dziecko ma założoną gastrostomię wówczas należy mu zapewnić najwyższej jakości opiekę pielęgniarską całościową i bezpośrednio związaną z przetoką odżywczą, aby ograniczyć powikłania ogólnoustrojowe i miejscowe. Dlatego istotne jest przestrzeganie zasad pielęgnacji przetoki i karmienia przez nią. Należy zmieniać opatrunek - mocującą zewnętrzną płytkę odciągamy na około 2 mm od powłoki skórnej, pod płytką zakładamy jałowy gazik, pierwszą zmianę opatrunku wykonujemy następnego dnia. Przez pierwsze dni od założenia gastrostomii opatrunek zmieniamy codziennie, potem co 2-3 dni aż do wygojenia rany czyli około 14 dni. Ważna jest obserwacja rany wokół przetoki - ranę sprawdzamy pod kątem zaczerwienienia, wysięku, obrzęku, maceracji, odczynów alergicznych, owrzodzenia. Skórę wokół rany należy dezynfekować np. Skinseptem pur, środki typu Braunol, Betadine, Octenisept mogą niszczyć zgłębnik. Podczas pielęgnacji skóry wokół przetoki przed dezynfekcją lub umyciem okolic przetoki należy zewnętrzną płytkę mocującą poluzować i odciągnąć od skóry na odległość 1-2 cm. Następnie skórę myjemy wodą z mydłem i dezynfekujemy, a potem dokładnie osuszamy. Po wykonanych czynnościach płytkę przesuwamy do skóry na odległość około 2 mm. Jeżeli po 2 tygodniach rana się zagoiła, wówczas wystarczy okolicę skóry przy zgłębniku myć wodą z mydłem o pH 5,5 i dokładnie osuszyć. Przy pielęgnacji rany należy unikać stosowania talku, maści, kremów gdyż mogą one dodatkowo podrażniać skórę, niekorzystnie działać na materiał z którego jest wykonany zgłębnik, oraz powodować przesuwanie się zgłębnika z powodu ześlizgiwania się zewnętrznego dysku. Istotne jest także obracanie o 180° zgłębnika typu PEG. Czynność tę najlepiej wykonywać przy myciu okolic przetoki. Płytkę mocującą przesuwamy do góry poczym oczyszczamy skórę i zgłębnik wodą z mydłem, następnie wsuwamy zgłębnik na około 1,5 cm w przetokę i obracamy o 180°, potem podciągamy go do góry. Zgłębnik i skórę należy osuszyć, a mocującą zewnętrzną płytkę przesuwamy do skóry na około 2 mm. Ważna jest kontrola położenia zgłębnika w żołądku - pozycję gastrostomii odżywczej sprawdzamy przed każdym karmieniem lub gdy mamy wątpliwości co do jej położenia i nie rzadziej niż 3 razy dziennie. Strzykawką odciągamy treść żołądkową, a następnie sprawdzamy pH żołądka za pomocą papierka lakmusowego. Prawidłowa wartość pH to 5,5, jeżeli będzie wyższa należy powiadomić lekarza i wstrzymać karmienie.[2] Również trzeba zabezpieczyć przed wypadaniem gastrostomię - kontrola położenia płytki mocującej w PEG-u, kontrola wypełnienia balonu w zgłęb-niku G-Tube. Należy też wykonywać toaletę jamy ustnej, aby utrzymać śluzówki jamy ustnej w czystości i odpowiedniej wilgotności, kontroluje się zalegania przed każdym karmieniem sprawdzamy ilość treści żołądkowej - jeżeli ilość zalegań wynosi 100-200 ml należy wstrzymać podawanie diety i poinformować lekarza. Sprawdzać trzeba wypróżnienia poprzez obserwację stolca i częstości wypróżnień. Również monitoruje się odżywianie prowadząc dokumentowanie ilości i rodzaju podawanej diety.

Przed przystąpieniem do karmienia i podawania leków przez gastrostomię lub zgłębnik nosowo-żołądkowy należy: przygotować sprzęt do karmienia, dietę, wybrać optymalną metodę karmienia- podawanie diety z bolusa - można podawać w porcjach 200-300 ml w ciągu 15-30 minut w 3 godzinnych odstępach lub podawanie diety w ciągłym wlewie kroplowym - podaż zaczynamy od szybkości 20 ml/ godzinę systematycznie zwiększając o 5-10 ml/godzinę co 6-8 godzin aż do zleconej dawki mieszaniny (zależy od wieku i indywidualnej tolerancji pacjenta), przygotować dziecko do karmienia - informujemy rodziców o celu i przebiegu wykonywanych czynności i ustalamy zakres współpracy z ich strony.

Najczęstsze problemy pielęgnacyjne u dziecka z gastrostomią to: zmiany skórne wokół przetoki, wyciek treści żołądkowo - pokarmowej, nudności i wymioty, mogą być spowodowane opóźnionym opróżnianiem żołądka, biegunka, zaparcia, aspiracja treści pokarmowej do górnych dróg oddechowych, zmiany patologiczne w jamie ustnej - przyczyną jest brak mechanicznego oczyszczania jamy ustnej, zatkanie zgłębnika stomijnego.

Ważnym elementem leczenia żywieniowego jest dobór zbilansowanej diety przemysłowej. Diety przemysłowe to specjalne preparaty żywieniowe, które mają zastosowanie lecznicze i podawane są przez zgłębnik lub doustnie. Preparaty przemysłowe stosowane w leczeniu żywieniowym dzielimy na 4 grupy biorąc pod uwagę ich kaloryczność, zawartość białka, zawartość tłuszczu i jego rodzaj.

Rodzaje diet przemysłowych: diety niekompletne pod względem odżywczym, diety oligomeryczne i monomeryczne, diety polimeryczne, diety specjalne.

Zalety diet przemysłowych to: ich skład jest niezmienny, są kompletne, zbilansowane, są łatwe w przygotowaniu, są w postaci płynnej lub sproszkowanej, mają płynną konsystencję, stała osmolarność preparatu, która wacha się od 250-400 mOsmol/l, są sterylne, różna wielkość opakowania i mają różne smaki.

Preparaty stosowane u dzieci w żywieniu enteralnym - u niemowląt i dzieci małych podawane są: Pediasure, Infatrini, Nutrini, Clinutren. Zaś u dzieci starszych stosowane są najczęściej mieszaniny odżywcze: Nutrison Standard, Nutrison Energy, Peptisob, Peptamen.

U dzieci z zaburzeniami OUN zapotrzebowanie na składniki energetyczne uzależnione jest od rodzaju choroby, stopnia niepełnosprawności, możliwości ruchowych dziecka, a także od trudności w karmieniu i stopnia zmian w metabolizmie.

Dobór preparatów żywieniowych u dzieci zależy od wielu czynników: wieku i masy ciała, choroby podstawowej i współistniejących, wydolności przewodu pokarmowego i innych narządów, zapotrzebowania na energię, zapotrzebowania na białko, stanu odżywienia dziecka, wywiadu dotyczącego wzrastania, analizy wyników antropometrycznych, rodzaju stosowanej diety, aktualnie przyjmowanej ilości pokarmu, obecnego schematu żywienia, wskaźników biochemicznych, stopnia aktywności, zdolności absorpcyjnej jelita i oddawania stolca.

Mieszaniny odżywcze powinny zapewnić dziecku prawidłowe odżywianie, dlatego należy obliczyć docelową ilość kalorii, zapotrzebowanie na białko, płyny, tłuszcze, witaminy i sole mineralne. W przypadku długoterminowego leczenia żywieniowego należy uwzględnić wprowadzenie mieszanek z dodatkiem błonnika, zaś u małych dzieci trzeba wziąć pod uwagę osmolarność mieszanki i obciążenie osmotyczne dla nerek. Schemat żywienia enteralnego u dzieci jest uzależniony od jego potrzeb żywieniowych, rodzaju dostępu do przewodu pokarmowego i stopnia adaptacji jelit. Żywienie rozpoczyna się od podawania małych porcji, stopniowo je zwiększając w zależności od tolerancji mieszaniny odżywczej [1].

Diety przemysłowe występują w dwóch postaciach: płynnej i sproszkowanej. Diety płynne dostępne są w butelkach o pojemności od 100 ml do 500 ml, oraz w opakowaniach Pack o pojemności 1000 ml. Diety te nie wymagają specjalnego przygotowania przed użyciem, tylko jeżeli jest potrzeba zmniejszenia stężenia mieszanki wówczas rozcieńczamy ją wodą destylowaną.

Diety sproszkowane przed podaniem należy rozpuścić wodą destylowaną o temperaturze pokojowej w wyjałowionym pojemniku. Dietę zwykle przygotowuje się na cały dzień, toteż po przygotowaniu dobowej porcji odlewamy do pojemnika jednorazową porcję, a pozostałą mieszankę przechowujemy w lodówce.

Diety należy przechowywać w temperaturze pokojowej 15-25°C w miejscu suchym i zacienionym. Jeżeli butelka została otwarta lub dieta rozpuszczona trzeba ją przechowywać w lodówce w temperaturze +4°C nie dłużej niż 24 godziny.

Pojemnik z dietą należy dokładnie opisać: imię i nazwisko pacjenta, nazwa oddziału, opis zawartości, ilości, data ważności. Dzięki przestrzeganiu zasad przechowywania mieszanin odżywczych unikniemy zakażenia diety.

Podczas przygotowania diety pielęgniarka musi postępować zgodnie z zasadami aseptyki, gdyż może dojść do zakażenia diety w trakcie jej przygotowania jak i podawania. Ważne jest aby preparaty były przygotowywane w czystym i często dezynfekowanym pomieszczeniu lub w komorze z nawiewem laminarnym.

Wszystkie rodzaje zestawów do wlewu kroplowego należy wymieniać co 24 godziny. Jeżeli mieszanina odżywcza znajduje się w opakowaniu Pack, wówczas można ją podawać do 24 godzin, zaś w butelkach podajemy do 8 godzin.

Wybór odpowiedniego sposobu podawania diety w żywieniu dojelitowym decyduje o skuteczności i bezpieczeństwie żywienia dziecka. Do właściwej objętości i stężenia mieszaniny odżywczej dochodzi się przez około 3- 4 dni, prowadząc wnikliwą obserwację dziecka pod kątem niepożądanych objawów ze strony przewodu pokarmowego.

Diety można podawać w sposób przerywany, czyli w bolusach lub w sposób ciągły, czyli w kroplowym wlewie, lub prowadzić jako żywienie nocne.

Żywienie przerywane polega na podawaniu mieszaniny odżywczej do zgłębnika lub stomii przez całą dobę z przerwami, czyli określoną porcję (od 150 ml do 200 ml) podajemy przez około 15 minut, po czym następuje 3 godzinna przerwa, zachowujemy również przerwę nocną, która trwa 5 – 8 godzin. Jeżeli dietę podajemy w wlewie kroplowym, wówczas jednorazową ilość podajemy przez 3 – 4 godziny, potem następuje 2 godzinna przerwa.

Żywienie ciągłe polega na podaży diety w ciągłym wlewie kroplowym metodą grawitacji lub za pomocą pompy perystaltycznej. Podaż diety rozpoczyna się od stosowania mieszaniny o stężeniu 0,5 kcal/1 ml z szybkością 20 ml/ godz., następnie zwiększamy o 5-10 ml/godz. Co 8-12 godzin doprowadzając do 60-80 ml/ godz., jednocześnie zwiększamy stężenie diety, aby osiągnęła pełną wartość energetyczną i odżywczą. W tej metodzie również należy przestrzegać jednej dłuższej przerwy, która trwa od 5 do 8 godzin. Żywienie nocne prowadzone jest wówczas, gdy ma być uzupełnieniem żywienia doustnego.[4]

Rodzice dziecka z zaburzeniami OUN są ważnym ogniwem w procesie rehabilitacyjno-pielęgnacyjnym, każda czynność wykonywana przy dziecku w jego codziennym dniu wymaga od nich cierpliwości i profesjonalnych umiejętności. W czasie hospitalizacji dziecka rodzice są szkoleni przez lekarza, pielęgniarkę i dietetyczkę w zakresie pielęgnacji, przygotowania i podawania diety, oraz ryzyka wystąpienia powikłań. Znajomość zagadnień umożliwi rodzicom właściwą opiekę nad dzieckiem w czasie kontynuacji żywienia dojelitowego w warunkach domowych, dzięki czemu poprawi się stan odżywienia dziecka, komfort karmienia i jakość życia dziecka i jego rodziny. Po opuszczeniu szpitala dziecko zostaje objęte opieką przez specjalistyczną poradnię.

Piśmiennictwo:

1. Axelrod D., Kazmerski K., Iyer K., tłumaczyła: B. Korbicka: Żywienie enteralne u dzieci. Med. Prakt. Pediatr. 2008;(4);70-76.
2. Bazalinski D., Barańska B.: Najczęstsze problemy pielęgnacyjne w opiece nad pacjentem z gastrostomią odżywczą- doświadczenia własne. Pielęg. Chir. Angiol. 2009;3(3):81-88.
3. Gajewska E., Samborski W.: Pielęgnacja dziecka z uszkodzeniem mózgu. Pielęg. Pol. 2004;(1/2):52- 54.
4. Gutowska D., Pawłowski W.: Diety przemysłowe. Pielęg. Położ. 2005;47(5):22- 23.
5. Kózka M., Płaszewska- Żywko L.: Procedury pielęgniarskie. PZWL Wydawnictwo Lekarskie Warszawa 2009 r.
6. Marchand V., Motil K. J., tłumaczyła: B. Krobicka: Leczenie żywieniowe u dzieci z uszkodzeniem układu nerwowego Med. Prakt.- Pediat. 2008;(6):70-81.
7. Pertkiewicz M., Korta T.: Standardy żywienia pozajelitowego i dojelitowego. Wydawnictwo Lekarskie PZWL Warszawa 2005.
8. Ryszko J., Socha J.: Zburzenia czynnościowe układu pokarmowego u dzieci i młodzieży. Wydawnictwo Lekarskie PZWL Warszawa 2004.
9. Socha J.: Rola profilaktyki w zaburzeniach odżywiania na przykładzie alergii pokarmowej i celiakii. Nowa Pediatria 2003;(2):139- 142.
10. Więcek S., Woś H., Grzybowska- Chlebowczyk U. :Zaburzenia czynności przewodu pokarmowego u dzieci z mózgowym porażeniem dziecięcym. Klin. Pediatr. 2007;15 (4):445- 449.

Hipoterapia jako forma rehabilitacji u dzieci z mózgowym porażeniem dziecięcym

Brygida Wojtasik

Niniejsza praca została poświęcona tematyce hipoterapii, gdyż trudno doprawdy przecenić i warto stale propagować zalety współpracy człowieka z koniem, szczególnie, jeśli służy rehabilitacji osoby niepełnosprawnej. Te piękne i mądre zwierzęta mogą sprawić, iż świat dziecka z mózgowym porażeniem dziecięcym jest bogaty w spontaniczny uśmiech i wiele wspaniałych emocji przy coraz lepszej sprawności fizycznej.

Definicja i ogólna charakterystyka mózgowego porażenia dziecięcego

Międzynarodowa Komisja Neurologii Dziecięcej definiuje mózgowe porażenie dziecięce, jako nie postępujące, lecz niezmienne zaburzenie postawy i ruchu, spowodowane uszkodzeniem ośrodkowego układu nerwowego (OUN), znajdującego się we wczesnym stadium rozwoju, współistniejące z innymi objawami (zaburzenia funkcji poznawczych, rozwoju mowy, padaczka, upośledzenie umysłowe, zaburzenia widzenia i słuchu)" [11]. Mózgowe porażenie dziecięce nie stanowi odrębnej jednostki chorobowej, więc należy je traktować jako zespół wielu objawów i dlatego planując terapię musimy pamiętać o zaburzeniach współistniejących.

Mózgowe porażenie dziecięce (mpdz) powoduje niepełnosprawność dzieci, zaburzenia kontroli mięśni, co skutkuje trudnościami w poruszaniu i utrzymywaniu właściwej pozycji ciała. Zaburzenia postawy i ruchu stanowiące podstawowe objawy mózgowego porażenia dziecięcego są następstwem niepełnowartościowości układu piramidowego, pozapiramidowego oraz móżdżku – struktur nerwowych odpowiedzialnych za rozwój tych funkcji. Mięśnie otrzymują nieprawidłowe komunikaty z uszkodzonych części mózgu, co w efekcie daje ich sztywnienie lub wiotczenie. Mięśnie nie są jednak porażone [2].

Porażenie mózgowe jest uszkodzeniem trwałym. Nie postępuje a objawy uszkodzenia są coraz bardziej widoczne wraz z wiekiem dziecka. Może następować pogłębienie się zniekształceń. Dzieci z łagodną postacią mpdz mają szansę chodzić z nieznacznie zaburzoną równowagą. Dzieci z ciężką postacią mpdz będą potrzebować pomocy w codziennych czynnościach.

Najczęstsze przyczyny powodujące wystąpienie mpdz to:

- zły stan zdrowia matki np. nadciśnienie tętnicze, przewlekła niedokrwistość, przewlekłe choroby, zaburzenia hormonalne (np. cukrzyca, niedoczynność lub nadczynność tarczycy),
- wewnątrzmaciczne zakażenie toksoplazmozą, różyczką, cytomegalią, a także zakażenie HIV, ospą wietrzną,

- niedobory pokarmowe wynikające z niewłaściwego odżywiania,
- substancje i leki o działaniu toksycznym,
- nadużywanie alkoholu, palenie papierosów,
- konflikt serologiczny – niezgodność podstawowych grup krwi oraz konflikt wynikający z obecności czynnika Rh u dziecka i jego nieobecności u matki,
- hiperbilirubinemia – podwyższony poziom bilirubiny we krwi uszkadzający układ nerwowy dziecka,
- genetycznie uwarunkowane zaburzenia przemiany materii,
- urazy i wylewy krwi do mózgu zaistniałe w początkowych fazach życia dziecka.

Prawdopodobieństwo wystąpienia mpdz może być wynikiem działania różnych czynników ryzyka:

- występowanie mózgowego porażenia w rodzinie wskazujące na genetycznie uwarunkowaną wrażliwość na czynniki uszkadzające mózg,
- wcześniactwo, mała masa urodzeniowa (poniżej 1500 g),
- występowanie stanu zamartwicy, okołoporodowej encefalopatii niedotlenieniowo - niedokrwiennej (OENN), encefalopatii noworodkowej (EN),
- z zespołem takich objawów: jak zaburzenia oddechu, napięcia mięśniowego, świadomości, długotrwałe drgawki,
- zły stan zdrowia noworodka mierzony skalą Apgar (wynik 3 punkty lub mniej),
- nieprawidłowe ułożenie płodu,
- ciąża mnoga,
- występowanie pozamózgowych wad wrodzonych [1].

W wielu postaciach mpdz występują trzy główne objawy:

- wzmożone napięcie mięśniowe (spastyczność)

Spastyczność oznacza sztywne lub napięte mięśnie. Sztywność mięśni powoduje trudności w wykonywaniu ruchów, ruchy są powolne i niezręczne. Błędne instrukcje płynące z uszkodzonych części mózgu sprawiają, że ciało utrzymywane jest w typowo nieprawidłowej pozycji, która utrudnia dziecku poruszanie się. Pojawia się to głównie w próbach stania i chodzenia (tzw. chód spastyczny z tendencją do krzyżowania nóg) [5].

- atetoza (wykonywanie ruchów mimowolnych, nie kontrolowanych)
- ataksja (w ataksji występują zaburzenia równowagi, niezborność ruchów, drżenie zamiarowe kończyn przy wykonywaniu bardziej precyzyjnych czynności).

Najbardziej znana i najczęściej stosowana klasyfikacja wg Ingrama obejmuje następujące postacie kliniczne mpdz:

1. **Porażenie kurczowe połowicze** *(hemiplegia spastica)*

Pierwsze objawy, które mogą wskazywać na możliwość istnienia tej postaci mózgowego porażenia dziecięcego ujawniają się między 3 a 5 miesiącem życia, przy czym zwraca tu uwagę mniejsza aktywność i ograniczenie ruchów kończyn niedowładnych w porównaniu z kończynami po stronie przeciwnej (nie objętej niedowładem). Objawom niedowładu połowiczego towarzyszą często objawy atetozy (w 60% przypadków). Mogą występować także zaburzenia w polu widzenia oraz mowy i padaczka. Rozwój umysłowy jest prawidłowy lub nieznacznie opóźniony [5].

2. Obustronne porażenie kurczowe (*diplegia spastica*)

Ta postać mózgowego porażenia dziecięcego obejmuje głównie kończyny dolne (niedowład w kończynach dolnych przeważa nad niedowładem w kończynach górnych). Objawami diplegii jest nieznaczne porażenie kończyn górnych, kończyny dolne złączone i skręcone do środka, tendencja do stawania na palcach. Około 70 % dzieci z tą postacią porażenia mózgowego rozwija się prawidłowo pod względem umysłowym oraz u około 15 % z tej populacji charakterystyczne jest występowanie padaczki oraz zaburzeń wzrokowych – wada wzroku, uszkodzenie siatkówki [1].

3. Obustronne porażenie połowicze (*hemiplegia bilateralis*)

Jest to jedna z najcięższych postaci mózgowego porażenia dziecięcego, która spowodowana jest uszkodzeniem obu półkul mózgowych. Objawami chorobowymi objęte są wszystkie kończyny, ale w większym stopniu zaburzone są funkcje kończyn górnych niż dolnych. W tej formie klinicznej mpdz nie rozwijają się lub są zaburzone funkcje: zdolność utrzymywania głowy oraz pionowej postawy ciała, chwytanie i manipulowanie przedmiotami oraz lokomocja. Dzieci z cięższą postacią tego zaburzenia osiągają z dużym opóźnieniem zdolność utrzymywania postawy ciała oraz chodzenia około 4 lub w 5 roku życia lub nigdy nie nabywają wymienionych funkcji. Dysfunkcje motoryczne mogą ujawniać się jako trudności w zamykaniu ust, niekontrolowany wyciek śliny, zaburzenia w spożywaniu pokarmu, opóźniony rozwój mowy lub jej brak. W tej postaci rozwój umysłowy jest często znacznie upośledzony. Występuje padaczka pod postacią napadów zgięciowych – zespół Westa u dzieci młodszych a u starszych o typie napadów dużych [6].

4. Postać pozapiramidowa

Postać pozapiramidowa charakteryzuje się głównie ruchami mimowolnymi, zaburzeniami kontroli postawy i zmiennym napięciem mięśniowym. W zależności od typu ruchów mimowolnych rozróżnia się formę:

-dystoniczną w której występują ruchy mimowolne powodujące skręcanie i wyginanie różnych części ciała lub przyjęcie nieprawidłowej pozycji spowodowane przetrwałym skurczem mięśni,

-atetotyczną, która powoduje skręcające ruchy twarzy, grymasy twarzy, brak stabilizacji twarzy,

-pląsawiczą (ruchy pląsawicze są to szybkie nieskoordynowane ruchy nakładające się na ruchy dowolne różnych grup mięśniowych),

- przebiegającą jedynie z obecnością zmian zachodzących w napięciu mięśniowym.

5. Postać móżdżkowa (*ataktyczna*)

Występuje stosunkowo rzadko 5-10 %, określana także nazwą ataktycznej. Najczęściej jest wrodzona. Dla postaci móżdżkowej charakterystyczne są:

- niezborność ruchowa: wykonywanie ruchów dowolnych jest możliwe, ale są one niezdarne, z upośledzoną koordynacją. Charakterystyczna jest tzw. dysmetria; ruch zamiarowy nie osiąga celu lub go omija. Towarzyszy im drżenie zamiarowe. Ruchy precyzyjne rąk są słabo wykształcone.

-obniżenie napięcia mięśniowego: występuje w większości przypadków. Hipotonia z wiekiem maleje, ale nigdy nie ustępuje całkowicie.

-zaburzenia równowagi i koordynacji ruchów,

-oczopląs,

-zaburzenia mowy o typie dyzartrii poważnie zakłócają proces nauki mowy, która jeśli się rozwinie jest skandowana, przerywana. Rozwój umysłowy dzieci jest przeważnie prawidłowy [3].

6. Postać mieszana

Dużo dzieci dotkniętych mpdz wykazuje cechy więcej niż jednego typu porażenia mózgowego. Przebieg rozwoju każdego dziecka z mieszaną postacią porażenia jest inny i zależy od przewagi cech danego typu.

Potrzeby dzieci z mózgowym porażeniem dziecięcym

Dzieci to nasza przyszłość. Wszystkie dzieci zdrowe i chore zasługują na miłość, szacunek, uwagę i poświęcenie. Uważa się, że dzieci chore mają większą potrzebę miłości i akceptacji. Jest to oczywiste, bowiem ich sytuacja zdrowotna często sprawia, że są bardziej wrażliwe i podatne na niską ocenę swoich możliwości i odrzucenie ze strony rówieśników lub choćby utrudniony z nimi kontakt. Niewątpliwie jednak dzieci te ze względu na swą wrażliwość i uwarunkowania psychofizyczne zasługują na miłość odpowiedzialną, dojrzałą i cierpliwą, ich rodzice - na najwyższe uznanie.

Dojrzewanie człowieka zależy od jego fizycznego, umysłowego i emocjonalnego rozwoju. Te czynniki w przypadku dzieci z mózgowym porażeniem są zaburzone, ale podlegają tym samym biopsychicznym, społecznym i kulturowym prawom rozwojowym, jak u zdrowych dzieci. Działanie tych praw zostaje zakłócone poprzez schorzenia narządu ruchu, które dają w efekcie mniej lub bardziej widoczną niepełnosprawność. Z jej powodu dziecko narażone jest w życiu na wiele trudności, przeszkód i załamań oraz odrzucenie ze strony innych ludzi [4].

W miarę dorastania dzieci pełnosprawne znajdują radość w zaspakajaniu potrzeby ruchu, zabawy i kontaktu z rówieśnikami. Dzieci z mpdz, ograniczone przez chorobę, powinny mieć w leczeniu także szansę maksymalnego zwiększenia lub przywrócenia zdolności do samodzielnego życia. Umożliwienie im aktywności ruchowej sprzyja ich biologicznemu, psychicznemu i społecznemu rozwojowi. Warto podkreślić, że pozbawieni jej często nie mają okazji cieszyć się ze zdobywania nowych doświadczeń i z tym większym wysiłkiem osiągają swoje pierwsze sukcesy. Badania osobowości dowodzą, że częściej niż zdrowi rówieśnicy wykazują objawy nerwicowe, egocentryzm, poczucie mniejszej wartości, powściągliwość w okazywaniu uczuć, zniechęcenie do podejmowania wysiłku oraz nadmierne przeżywanie i przejmowanie się wszystkim [4].

Na tego typu problemy wspaniałym, wręcz cudownym lekarstwem jest właśnie hipoterapia stosowana jako jedna z wielu form rehabilitacji. Kontakt z koniem dostarcza dziecku wielu niezapomnianych przeżyć, które pozwalają łatwiej odnaleźć się w codziennym trudnym życiu.

Hipoterapia jako wzajemne oddziaływanie konia i człowieka

Hipoterapia to metoda rehabilitacji ruchowej mająca na celu przywracanie zdrowia i sprawności przy pomocy konia i jazdy konnej. Ma wyjątkowe, właściwie niezastąpione walory, dzięki którym nie jest tylko powielaniem ćwiczeń z sali gimnastycznej czy gabinetu rehabilitacji. Towarzyszący hipoterapii kontakt z żywym zwierzęciem ma ogromny wpływ na rozwój emocji, budowanie prawidłowych więzi społecznych oraz potrzeby opiekowania się kimś. Równie istotny jest także kontakt z przyrodą i poznawanie nowego środowiska. Zdobywanie nowych umiejętności ruchowych pomaga w podniesieniu wartości dziecka w oczach rodziców, rówieśników oraz własnych.

Hipoterapia to jedna z skutecznych metod uzupełniających klasyczną rehabilitację. Stanowi unikalny sposób obejmowania ćwiczeniami całych grup mięśni dając zarazem małemu pacjentowi satysfakcję i radość. W hipoterapii wykorzystuje się tylko jeden rodzaj chodu konia – stęp. Koń idący stępem przenosi impulsy ruchowe dzięki czemu staje się on współterapeutą [9]. Wielowymiarowy rytm drgań, przenoszony z grzbietu konia na człowieka w pozycji jeździeckiej w stępie, jest zbliżony do wzoru ruchowego prawidłowego chodu człowieka i najlepiej go zastępuje. Koń poruszający się stępem przenosi na jeźdźca w ciągu 1 minuty od 90 do 110 wielowymiarowych impulsów ruchowych.

Oddziaływanie konia na człowieka poprzez cielesny kontakt, polegający na swoistym dialogu ruchowym, można znakomicie wykorzystać do treningu sprawnościowego i terapii ruchowej [7].

Hipoterapia jest prowadzona na zlecenie lekarza i pod kierunkiem hipoterapeuty posiadającego uprawnienia instruktora hipoterapii. Skierowanie na hipoterapię powinno zawierać pełną diagnozę dotyczącą schorzenia. Zajęcia prowadzone są indywidualnie, czyli tylko z jednym pacjentem. Czas trwania zajęć powinien być dostosowany do potrzeb pacjenta. Zwykle nie przekracza on 30 minut. Zabezpieczeniem obowiązkowym każdego pacjenta jest kask ochronny. Pacjenci nie tolerujący tego nakrycia głowy, nie powinni dosiadać konia. Takie osoby mogą uczestniczyć w terapii kontaktem z koniem bez wsiadania na niego. Standardem w hipoterapii jest dosiad na oklep (bezpośrednio na grzbiecie konia), ze względu na wykorzystanie ciepła i ruchu konia. Pomocą jest pas hipoterapeutyczny służący utrzymaniu równowagi, podporu, ćwiczenia chwytu i stabilizujący przy ruchach mimowolnych. Należy także pamiętać o kontrolowaniu stanu chorego. Pacjenci bowiem różnie tolerują wysiłek, a ich samopoczucie jest w dużym stopniu uzależnione od otaczających warunków i stanu emocjonalnego danego dnia.

Forma hipoterapii jest indywidualnie dostosowywana do sprawności i możliwości pacjenta.

- Fizjoterapia na koniu – wykorzystuje się ruch konia dla usprawniania ruchowego pacjenta poprzez indywidualny dobór ćwiczeń (część ćwiczeń może być wykonana na koniu nieporuszającym się).

- Terapia kontaktem z koniem – dąży się w niej do nawiązania emocjonalnego kontaktu pacjenta z koniem, a w dalszym etapie do pogłębienia relacji ze światem zewnętrznym.

- Psychopedagogiczna jazda konna – wykorzystuje się w niej elementy psychoterapii, logopedii, a także zabawy i gry edukacyjne z użyciem pomocy dydaktycznych. W działaniach edukacyjnych i wychowawczych podejmuje się czynności związane z pielęgnacją konia i pracą w stajni.[8]

- Jazda konna dla osób niepełnosprawnych (sport i rekreacja) – możliwe jest tu opanowanie podstaw jeździectwa, a nawet udział w olimpiadach specjalnych.

Rola hipoterapii w rehabilitacji dzieci z mózgowym porażeniem dziecięcym

Zadaniem hipoterapii jest przywrócenie sprawności psychofizycznej w zakresie najbardziej optymalnym i możliwym do osiągnięcia z udziałem konia i podczas jazdy konnej. Jest bardzo pomocnym elementem rehabilitacji leczniczej.

Koń daje wrażenie chodu ludzkiego

Trójwymiarowy rytm drgań przenoszony z grzbietu konia na człowieka w stępie, jest zbliżony do wzoru ruchowego prawidłowego chodu człowieka i najlepiej go zastępuje. Daje to możliwość nauki chodzenia „bez chodzenia". Hipoterapia może stanowić pierwszy etap nauki chodzenia lub stać się jej przełomowym momentem [8].

Koń zmniejsza napięcie mięśni

Podczas jazdy bez siodła dzięki bezpośredniemu zetknięciu się ciała ludzkiego z końskim grzbietem pacjent odczuwa przyjemne ciepło. Jest to możliwe dzięki temu, że temperatura ciała konia jest o ok. 1° wyższa niż człowieka. Jazda na koniu na oklep daje efekt rozgrzewającego masażu nóg i miednicy.

Koń hamuje ruchy przetrwałe

Niektórym uszkodzeniom mózgu towarzyszą przetrwałe odruchy. Hipoterapia stwarza możliwość stopniowego eliminowania ich.

Koń przywraca zaburzoną symetrią tułowia

Podczas jazdy stępem w prawidłowym dosiadzie dochodzi do symetrycznej równowagi mięśniowej.[8]

Koń koryguje postawę ciała

Utrzymanie prawidłowego dosiadu zmusza do wyprostowanej postawy przez to korzystnie wpływa na wzmocnienie siły mięśni grzbietu, brzucha i obręczy biodrowej oraz poprawia funkcjonowanie stawów ramiennych i kończyn górnych.

Koń zapobiega przykurczom i ograniczeniom ruchomości w stawach

Jazda konna sprawia, że zmniejszają się przykurcze przywodzicieli ud i ograniczenia ruchomości obręczy biodrowej.[8]

Koń zwiększa możliwości lokomocyjne

Dzieci niepełnosprawne cierpią z powodu ograniczeń ruchowych. Na końskim grzbiecie otwierają się przed nimi nowe możliwości lokomocyjne.

Koń pobudza zmysły

Jazda na koniu daje możliwość dotykowego rozpoznania różnych jakości, które płyną z ciała konia np. ciepły-zimny, gładki-szorstki, miękki-twardy, mokry-suchy. Dziecko jest także w bezpośrednim kontakcie wzrokowym np. głowa, uszy, grzywa, szyja. Przyjazne parskanie, stuk kopyt podczas chodu i specyficzny zapach sierści stymulują zmysł słuchu i węchu.

Koń poprawia funkcjonowanie organów wewnętrznych

Terapia na koniu oddziałuje pozytywnie na układ oddechowy, układ krążenia oraz wpływa na rozwój cech motorycznych, zwiększając ogólną sprawność fizyczną. Można wykorzystać hipoterapię w celach logopedycznych, bowiem występuje stymulacja motoryki ust, przez co pobudzona zostaje artykulacja.

Koń relaksuje

Powtarzające kołyszące ruchy poruszającego się konia działają relaksacyjnie i odprężają. Doznania ciepłej miękkości i kołysania dla wielu dzieci są bardzo przyjemne, kojarzą się ze szczególnym rodzajem opieki i bezpieczeństwa, którego źródłem jest koń [10].

Koń uaktywnia

Pobudzające rytmiczne ruchy podczas jazdy konnej wzmagają wydzielanie hormonów (szczególnie adrenaliny i endorfin), które stymulują układ wegetatywny. Wtedy następuje wzrost aktywności ruchowej, koncentracji uwagi oraz dobrego samopoczucia [8].

Koń mobilizuje i nie nudzi

Koń nie pozwala osobie niepełnosprawnej na pozostanie biernym uczestnikiem ćwiczeń, co często ma miejsce w innych formach terapii. Wysiłek włożony w usprawnianie staje się prawie niezauważalny, a terapia wydaje się być atrakcyjna i traktowana jest jako nagroda. Owe pozytywne emocje emanują często na zajęcia odbywające się przed hipoterapią lub po niej [8].

Koń uniwersalnym stanowiskiem terapeutycznym

„Koń może zastępować materac (szeroki zad), terapeutyczną piłkę lub wałek (tułów konia tzw. kłoda), klin (szyja), bądź drabinkę do podciągania (grzywa). Nie ma innego „przyrządu", który byłby tak uniwersalny.

Piśmiennictwo:

1. Borkowska A., Domańska Ł. Neuropsychologia kliniczna dziecka. Wydawnictwo Naukowe PWN. Warszawa 2006.
2. Grodner M. Wspomaganie rozwoju małego dziecka z porażeniem mózgowym. Światowa Organizacja Zdrowia. Genewa 1993.
3. Levitt S. Rehabilitacja w porażeniu mózgowym i zaburzeniach ruchu. Wydawnictwo Lekarskie PZWL. Warszawa 2007.
4. Mazanek E. Dziecko niepełnosprawne ruchowo. Wydawnictwa Szkolne i Pedagogiczne. Warszawa 1998,
5. Michałowicz R. i inni. Mózgowe porażenie dziecięce. Wydawnictwo Lekarskie PZWL. Warszawa 2000.
6. Mihilewicz S. Schemat ciała i orientacja przestrzenna u dzieci z porażeniem mózgowym w młodszym wieku szkolnym. Wydawnictwo Dolnośląskiej Szkoły Wyższej Edukacji. Wrocław 1999.
7. Strauß I. Hipoterapia. Wydawca: Fundacja na Rzecz Rozwoju Rehabilitacji Konnej Dzieci Niepełnosprawnych „Hipoterapia". Kraków 1996.
8. Strumińska A. (red.) Hipoterapia. Informator dla lekarzy, specjalistów i rodziców. Zarząd Główny Polskiego Towarzystwa Hipoterapeutycznego. Warszawa 2008.
9. Strumińska A. Psychopedagogiczne aspekty hipoterapii dzieci i młodzieży niepełnosprawnych intelektualnie. Państwowe Wydawnictwo Rolnicze i Leśne. Warszawa 2007.
10. Teichmann Engel B. Terapeutyczna Jazda Konna II. Strategie Rehabilitacji. Fundacja Hipoterapia- Na Rzecz Rehabilitacji Dzieci Niepełnosprawnych. Kraków 2004.
11. Witkowska M. Hipoterapia dzieci ze spastyczną postacią mózgowego porażenia dziecięcego. Przegląd hipoterapeutyczny. 2008;2(8):37.

Edukacyjno wychowawcza rola pielęgniarki w opiece nad dzieckiem chorym na białaczkę

Halina Zając

Choroba nowotworowa u dzieci stanowi poważny problem a odpowiednie leczenie, pielęgnacja, rehabilitacja oraz edukacja wymaga ścisłej współpracy całego zespołu. Zadaniem tego zespołu jest także uzyskanie odpowiedniej jakości życia chorego dziecka. Jednym z najważniejszych elementów podczas pierwszych kontaktów z pacjentem jest wzbudzenie wzajemnego zaufania, co pomaga w wyjaśnieniu zmian w jego zachowaniu i relacjach z otoczeniem. Dziecko jako pacjent różni się od pacjenta dorosłego, ma odmienne właściwości rozwojowe i potrzeby.

Białaczka jest nowotworem układu krwiotwórczego i charakteryzuje się niekontrolowanym namnażaniem komórek krwiotwórczych szpiku kostnego. Zaliczana jest do najczęściej występujących chorób nowotworowych u dzieci i stanowi 30,8% wszystkich nowotworów wieku rozwojowego. Szczyt zachorowania na ostre białaczki przypada między 3 a 7 rokiem życia, częściej chorują chłopcy. Więcej notuje się zachorowań w krajach rozwiniętych i wśród rasy białej.

Mimo niektórych objawów wspólnych, patogenetycznie wyróżnia się ostrą białaczkę limfoblastyczną (acute lymphoblastic leucemia-ALL) i ostrą białaczkę szpikową (acute myeloblastic leucemia-AML). Przewlekła postać białaczki szpikowej (chronic myeloblastic leucemia-AML) występuje u dzieci bardzo rzadko zaledwie 5%. Postacie ostre białaczki u dzieci stanowią 95% wszystkich białaczek. Przewlekła białaczka limfatyczna u dzieci nie występuje [1].

Wśród objawów białaczki wyróżnić należy: osłabienie, apatię, postępującą bladość skóry i spojówek, krwawienia z nosa i błon śluzowych, wybroczyny na skórze, narastającą skłonność do siniaczenia pod wpływem lekkich urazów, powiększenie obwodowych węzłów chłonnych, stany podgorączkowe, bóle kończyn dolnych.

W badaniu przedmiotowym można stwierdzić: bladość skóry i śluzówek jamy ustnej, cechy skazy krwotocznej, powiększenie śledziony, powiększenie wątroby, bolesność uciskową i ograniczoną ruchomość kończyn, powiększenie obwodowych węzłów chłonnych, szmer nad sercem.

Rzadziej spotykanymi objawami w pierwszym rzucie ostrej białaczki może być: nacieczenie ślinianek, nacieczenie skóry, nacieczenie jąder, kompresyjne złamania kręgów, zespół żyły szyjnej górnej (sinica twarzy wskutek ucisku guza śródpiersia, duszność) oraz objawy wzmożonego ciśnienia śródczaszkowego (przy zmianach w o.u.n. - bóle głowy, porażenia nerwów czaszkowych, wymioty) [4].

Objawy kliniczne ostrej białaczki nielimfoblastycznej nie różnią się zbytnio od objawów jakie występują w białaczce limfoblastycznej takich jak niedokrwistość, małopłytkowość, zaburzenia odporności. Charakterystyczną cechą różnicującą ANLL a ALL jest skłonność do naciekania struktur poza szpikowych. Rokowanie w ANLL jest poważniejsze niż w ALL [6].

Choroba nowotworowa jest źródłem psychologicznego i emocjonalnego obciążenia dla każdego pacjenta, a szczególnie dla dziecka. Pobyt w szpitalu stawia przed nim szereg różnorodnych wyzwań i problemów, wśród których można wskazać konieczność adaptacji do nowego środowiska, przymusowy kontakt z personelem medycznym oraz innymi dziećmi, trudności w zaspakajaniu potrzeb. Wiadomo że najlepszym i niezastąpionym dla prawidłowego rozwoju dziecka środowiskiem jest jego rodzina i własny dom. Każde dziecko reaguje inaczej na pobyt w szpitalu i dlatego osoby zajmujące się pielęgnowaniem powinny posiadać dobrą znajomość ich psychiki i ich zachowań. Dziecko chore na białaczkę doznaje podwójnego syndromu opuszczenia: fizycznego i psychicznego. Białaczka bowiem należy do chorób wiążących się z bardzo długimi i licznymi pobytami. Pierwszy pobyt w szpitalu ma miejsce w wieku 2-13 lat (ok.50% między 2-6 rokiem życia). Liczba pobytów waha się od 1-27 dni (średnio około 7). Łączny czas hospitalizacji to 18-356 dni. Pozbawienie obecności bliskich osób jest tym bardziej bolesne, ponieważ pojawia się w sytuacji trudnej dla dziecka, gdy szczególnie potrzebuje ono psychicznego wsparcia [7]. W zmniejszeniu stresu i szybszej adaptacji dziecka do środowiska szpitalnego, procesu hospitalizacji ma wpływ pielęgniarka pediatryczna przebywająca z dzieckiem na oddziale szpitalnym. Duże znaczenie ma to jakim głosem będzie mówić do pacjenta, jaką prezentuje mimikę oraz gestykulację. Dziecko chore na białaczkę wymaga specjalnego traktowania, pielęgnowania a nie tylko koncentracji na chorobie i stosowanych zabiegach, ponieważ wywołuje to u niego stan przygnębienia i niepokoju. Na oddziale onkologiczno-hematologicznym wystrój i cała aranżacja powinna być bardzo dokładnie przemyślana tak aby mali pacjenci czuli się niemal „jak w domu". Dzieci powinny być dobrane w grupy według wieku tak, aby mogły nawiązać ze sobą kontakt werbalny i niewerbalny. Pielęgniarka powinna podczas całego pobytu dziecka wnikliwie je obserwować zwłaszcza w początkowym etapie choroby. Zła adaptacja u takiego dziecka może wywołać różnego rodzaju zmiany. Mogą wystąpić charakterystyczne reakcje jak pobudzenie psychoruchowe, brak apetytu, bezsenność oraz płacz. Często obserwuje się lęk przed oddaleniem i lęk przed bólem, moczenie nocne oraz zaburzenia mowy. U dzieci pojawić się może charakterystyczna wściekłość, agresja, gwałtowne wyładowanie emocji, czasem poczucie winy (że może byłem niegrzeczny). Często próbują ignorować rodziców, okazywać smutek, milczenie lub upór [5]. Pielęgniarka na oddziale onkologii i hematologii odgrywa bardzo ważną rolę. Jest bardzo dobrą obserwatorką oceniającą stan zdrowia małego pacjenta, realizującą zlecenia lekarskie i czynności pielęgniarskie. Wykonuje nowe zadania związane z doradztwem, psychoedukacją i promocją zdrowia. W pielęgnacji jak i leczeniu bardzo istotne jest przestrzeganie praw dziecka.

Ogromną rolę pielęgniarka odgrywa również podczas samej terapii małego pacjenta. Dziecko, które ma być poddane chemioterapii po raz pierwszy, przede wszystkim się boi. Przeważnie u dziecka i rodzica występują obawy co do skutków ubocznych chemioterapii. Cytostatyki mają działanie toksyczne, są lekami których podawanie wymaga szczególnej ostrożności i doskonałego wyszkolenia pielęgniarek. Zaleca się bardzo ostrożne postępowanie ze wszystkimi środkami cytotoksycznymi, ponieważ istnieje ryzyko absorpcji małych ilości leków na drodze kontaktu bezpośredniego, na drodze wziewnej lub pokarmowej. Pielęgniarka podająca cytostatyki powinna te leki znać; powinna znać dawki, w jakich się je podaje, sposób, w jaki się je podaje, oraz objawy niepożądane, które dany lek może wywołać [2]. Istotą działania pielęgniarki jest zdobycie zaufania dziecka i w ten sposób zmniejszenie jego strachu przed rozpoczęciem czynności związanych z leczeniem. Bardzo ważny jest spokój i opanowanie pielęgniarki, a ciepło i miłe słowa mogą odwrócić uwagę małego pacjenta od wykonywanych czynności w danej chwili. Pielęgniarka powinna się przedstawić i sprawdzić dane dziecka. Dziecku i jego opiekunowi należy dokładnie opowiedzieć co „ zostanie u niego zrobione" to znaczy, w jaki sposób chemioterapia będzie mu podawana i jakie mogą wystąpić nieprzyjemne reakcje oraz czego oczekuje się od chorego w sensie współdziałania w trakcie stosowania chemioterapii. Pacjent i rodzic/opiekun musi być wyedukowany na temat sposobu odżywiania i higieny. Pielęgniarka powinna okazać zainteresowanie, wyjaśniać wszystkie wątpliwości i informować o wszelkich działaniach, które go dotyczą. Duże znaczenie ma umożliwienie kontaktu z rodziną i przyjaciółmi, zapewnienie wsparcia psychicznego. Dziecko podczas chemioterapii powinno mieć poczucie, że jest „najważniejszą osobą".

Opieka pielęgniarska nad dzieckiem poddanym chemioterapii musi być prowadzona kompleksowo w oparciu o rozpoznanie potrzeb i problemów pielęgnacyjnych. W terapii ważną rolę odgrywa aktywna postawa pacjenta, która wymaga ogromnej mobilizacji psychicznej oraz odnalezienia siebie w nowej sytuacji życiowej. W przypadku gdy podawanie cytostatyku jest długotrwałe np. infuzja 24-godzinna, ważna jest współpraca z rodzicem/opiekunem ponieważ pielęgniarka nie może być stale obecna przy dziecku. Dobra i szybka komunikacja może zapobiec niespodziewanym zdarzeniom jak np. awaria pompy. Najważniejszym problemem jaki może wystąpić w trakcie podawania leku jest wynaczynienie. W zależności od rodzaju leku wynaczynienie może pozostać bez następstw, ale może prowadzić do rozległych, martwiczych uszkodzeń tkanek i nawet najlepsze środki wdrożone natychmiast mogą nie być w pełni skuteczne. W trakcie chemioterapii mogą wystąpić objawy uboczne takie jak wymioty, nudności, zwiększenie temperatury, zmniejszenie ciśnienia, zaparcia, biegunki czy duszność. Zastosowanie chemioterapii u dziecka wiąże się ze stanem obniżonej odporności i zagrożeniami rozmaitych infekcji, zwłaszcza zakażeń bakteryjnych i grzybiczych. W późniejszym okresie mogą wystąpić u dziecka zaburzenia czynności nerwów obwodowych oraz wypadanie włosów.

Pielęgniarki opiekujące się pacjentami poddawanymi chemioterapii muszą znać podstawowe ich potrzeby i problemy. Pacjenci i rodzice powinni znać podstawowe informacje na temat występujących objawów niepożądanych. Świadoma współpraca chorego z personelem, zrozumienie przez pacjenta i rodzica zasad chemioterapii są niezbędne i mogą zapobiec lub ograniczyć występowanie objawów ubocznych.

- Nudności i wymioty mogą być przyczyną podrażnienia i napinania ścian żołądka lub pobudzenie regionu mózgu odpowiedzialnego za reakcje wymiotne. Skłonność do wymiotów zależy od predyspozycji indywidualnych. Objawy mogą wystąpić wkrótce po rozpoczęciu chemioterapii lub kilka godzin po podaniu leków cytostatycznych. Stopień nasilenia i czas trwania wymiotów i nudności zależy od dawki leku, rodzaju leku, częstości i drogi podawania. Mogą prowadzić do zaburzeń elektrolitowych i odwodnienia.

Celem opieki pielęgniarskiej będzie zlikwidowanie wymiotów, zapobieżenie powikłaniom (zachłyśnięciu, zaburzeniom wodno-elektrolitowym i kwasowo-zasadowym).

Działania pielęgniarskie będą obejmowały obserwację stanu ogólnego dziecka - monitorowanie parametrów życiowych akcji serca, oddechów, ciśnienia tętniczego krwi. Przyspieszony i pogłębiony oddech może sugerować objawy kwasicy a zwolniony i płytki zasadowicy. Należy dokładnie obserwować treść wymiotów, wygląd, rodzaj, charakter oraz częstość ich występowania. Monitorowanie ilości i rodzaju treści wymiotnej polega na prowadzeniu bilansu wodnego, który powinien być bardzo dokładnie prowadzony celem ustalenia ilości utraconych płynów. Podczas występowania wymiotów dziecko powinno być ułożone w pozycji grzbietowej na plecach, wysokiej lub półwysokiej, z odchyleniem głowy na bok. Pozycja bezpieczna w łóżku zapobiega aspiracji treści wymiotnej do dróg oddechowych i ucha środkowego. Pielęgniarka w czasie wystąpienia wymiotów zapewnia pomoc podtrzymując główkę dziecka. Jej obecność poprawia u dziecka samopoczucie, zmniejsza dolegliwości i daje poczucie bezpieczeństwa. Bardzo ważna jest obserwacja nawodnienia (powrót włośniczkowy, elastyczność skóry, nawilżenie błon śluzowych, pomiar masy ciała, diurezy) właściwa interpretacja objawów pozwala na wczesne wykrycie objawów wskazujących na zaburzenia w gospodarce wodnej. Obserwacja dziecka w kierunku zaburzeń elektrolitowych i kwasowo zasadowych oraz pobranie krwi do badań morfologii, jonogramu czy gazometrii umożliwia wczesne wyrównanie zaburzeń poprzez nawadnianie dożylne. Pozostanie przy dziecku bliskiej osoby i wytworzenie spokojnej atmosfery na pewno wpływa korzystnie a spokój, zabawa oraz rozmowa odwróci jego uwagę od odczuwanych niepożądanych objawów.

- Utrata apetytu często jest spowodowana przykrym, słonym, gorzkim, metalicznym smakiem w ustach oraz nudnościami. Działania polegają na zastosowaniu odpowiedniej diety lekkostrawnej. Posiłki powinny być podawane często i w małych ilościach oraz bez ostrych przypraw. Estetycznie i kolorowo podany posiłek na pewno bardziej zachęci dziecko do jedzenia.

- Biegunka jako powikłanie po chemioterapii występuje u wielu pacjentów i jest spowodowana uszkodzeniem nabłonka jelitowego. Często towarzyszy jej ból brzucha lub skurcze. Inną przyczyną wystąpienia biegunki może być niepokój dziecka wywołany stresem. Ważna jest ogólna obserwacja pacjenta a zwłaszcza stolca jego ilości, częstości i konsystencji. Obserwacja i dokumentowanie pozwala na ocenę stopnia nasilenia biegunki, ilości utraconych płynów oraz reakcji na stosowane leczenie. Działania pielęgniarskie powinny skupić się na zapewnieniu dziecku intymności i spokoju. Celem opieki pielęgniarskiej będzie normalizacja stolca, zapobieganie odparzeniom skóry pośladków, utrzymanie prawidłowego nawodnienia. Pielęgnacja skóry pośladków polega na dokładnym umyciu po oddaniu stolca skóry ciepłą wodą i delikatnym osuszeniu. Wskazane jest wcześniejsze wietrzenie pośladków a następnie natłuszczenie ich maścią ochronną np. Linomag, Sudocrem, oliwka dla dzieci. Pielęgniarka powinna często kontrolować pieluchy i wymieniać je w razie potrzeby. Należy bardzo dokładnie obserwować skórę pośladków i krocza w celu wykrycia zmian.

Monitorowanie gospodarki wodno elektrolitowej (elastyczność skóry, stan nawilżenia błon śluzowych, diureza, tętno, oddech, ocieplenie kończyn, obrzęki, pomiar masy ciała, bilans podaży i strat płynów, ocena diurezy) jest podstawą prawidłowych działań pielęgniarskich, który pozwala określić stan nawodnienia dziecka.

- Zaparcia są spowodowane uszkodzeniem mięśniówki gładkiej przewodu pokarmowego. W czasie chemioterapii mogą być wywołane lekami cytostatycznymi, przeciwbólowymi, przeciwdepresyjnymi. Zaparcia mogą wystąpić również przy stosowaniu nieodpowiedniej diety, występującym stresie, zmniejszonej aktywności ruchowej czy obecności guza w przewodzie pokarmowym. Podczas podawania cytostatyków takich jak winkrystyna, winblastyna lub winorelbina może dojść do niedrożności porażennej jelit. Celem opieki pielęgniarskiej będzie przywrócenie prawidłowego wydalania stolca.

- Zapalenie jamy ustnej u dzieci po chemioterapii objawia się pod postacią drobnych ran w śluzówce jamy ustnej i gardła. Mogą powstawać nadżerki i owrzodzenia po wewnętrznej stronie policzków i podniebienia. Cytostatyki mogą powodować wysuszenie lub podrażnienie błon śluzowych jamy ustnej bądź być przyczyną krwawień. Powstałe rany w jamie ustnej są trudne do wyleczenia i mogą być przyczyną infekcji u pacjenta. Powodują ból w czasie jedzenia i trudności w połykaniu. Chory może odczuwać zmianę smaku i wstręt do jedzenia. Celem opieki pielęgniarskiej będzie zmniejszenie bólu. Działania pielęgniarskie powinny polegać na wnikliwej obserwacji i zapobieganiu stanom zapalnym.

- Wypadanie włosów jest częstym objawem ubocznym chemioterapii. Jest powikłaniem nieprzyjemnym i stresującym co w konsekwencji może utrudniać kontakt z otoczeniem. Może objawiać się pogorszeniem struktury włosów lub całkowitą jej utratą. Włosy mogą zmieniać kolor i jakość. Włosy mogą wypadać nie tylko na głowie, ale także w innych częściach ciała jak nóg, rąk, włosów łonowych. Stopień zaawansowania łysienia zależy od dawek leków cytostatycznych oraz od czasu trwania leczenia. Wypadanie włosów pojawia się zazwyczaj już w około 2 tygodnie po podaniu pierwszej dawki leku. Celem działań pielęgniarskich będzie poprawa samopoczucia dziecka.

- Zmiany na skórze i paznokciach mogą występować po leczeniu przeciw nowotworowym pod postacią zaczerwienienia, swędzenia, łuszczenia, suchości i wyprysków. Niektóre rodzaje cytostatyków mogą powodować nadwrażliwość na słońce. Paznokcie mogą być podczas chemioterapii łamliwe i kruche oraz mogą wystąpić na nich bruzdy lub pionowe linie. Podczas wchłaniania się leków przeciw nowotworowych może wystąpić nagłe, silne swędzenie ciała, obrzęk i zaczerwienienie twarzy, wysypka na skórze lub problemy z oddychaniem. Świadczyć to może o reakcji alergicznej, która wymaga natychmiastowej reakcji pielęgniarki i lekarza.

Informacje udzielane dzieciom muszą być dostosowane do możliwości poznawczych i powinny uwzględniać wszystkie prawidłowości rozwojowe. Braki w wiedzy dziecko wypełnia licznymi fantazjami, co w konsekwencji nasila jego lęk. Ważna jest wnikliwa obserwacja zachowania dziecka i podejmowanych przez nie czynności (rysunek, zabawa) i uważne słuchanie jego wypowiedzi. Wiedza o przeżywanych przez dziecko emocjach, pozwala pielęgniarce szybko udzielić wsparcia emocjonalnego. Informacje o chorobie powinny być rzeczowe i przekazywane w sposób spokojny. Dziecko jest dobrym obserwatorem i potrafi odczytywać komunikaty niewerbalne (zmiany w mimice, ton głosu) oraz reaguje na zmiany nastroju u osób z otoczenia. Każda informacja musi być dostosowana do możliwości intelektualnej dziecka i powinna być zindywidualizowana do każdego dziecka. Informacje nie powinny być zbyt obszerne, nadmiar informacji, drobiazgowe wyjaśnienia mogą utrudnić zrozumienie przez dziecko istoty choroby. W celu ułatwienia zrozumienia przez dziecko istoty choroby można uzupełnić słowną informację innym środkami takimi jak: rysunki, schematy, ryciny anatomiczne części ciała ludzkiego. W doborze materiałów przede wszystkim należy kierować się wiekiem i dojrzałością intelektualną dziecka. Takie podejście zaspokaja w pewnym stopniu ciekawość dziecka, eliminując wątpliwości i lęk. Rozmowa z dziećmi w okresie dorastania powinna być budowana na takich samych zasadach jak kontakt z osobami dorosłymi. Należy eliminować takie zachowania podczas udzielania informacji jak poklepywanie, głaskanie po głowie, protekcjonalne traktowanie, lekceważenie potrzeby wiedzy o stanie zdrowia, straszenie. Podczas udzielania informacji należy wziąć pod uwagę przyszłe konsekwencje choroby. Pomyślne rokowanie będzie przekazane w innej formie, pełnej ale nie przekraczające poza treść pytania dziecka. Inaczej wygląda sposób przekazania informacji gdy dotyczy to niepomyślnej diagnozy i leczenia. Jest to sytuacja bardzo trudna i wymaga współpracy rodziców, pielęgniarki oraz kontaktu z psychologiem. Podstawową zasadą podczas udzielania informacji o chorobie jest zasada budowania i podtrzymywania nadziei. Informacja ta najbardziej niepomyślna powinna być przekazana na ile to możliwe w sposób delikatny, powinna się przeplatać z informacjami, które koncentrują się na zjawiskach pozytywnych np. na ukierunkowaniu wyobraźni i myślenia dziecka na to co może zdarzyć się dobrego w przyszłości. Okłamywanie dziecka wpływa negatywnie na jego stan emocjonalny, utrudnia i uniemożliwia kontakt z dzieckiem, oparty na zaufaniu, relacji terapeutycznej [3].

Dziecko chore na białaczkę powinno mieć okazję pomimo pobytu w szpitalu do jak największej liczby swoich dawnych aktywności. Każde jednak podjęte działania w tym kierunku muszą być przedyskutowane z lekarzem prowadzącym. Rodzaj podejmowanych działań zależy od wieku dziecka. Bardzo ważną aktywnością dziecka w wieku przedszkolnym i szkolnym jest uczenie się. Należy umożliwić dziecku kontynuowanie nauki, nabywanie nowych umiejętności i wiedzy. Dobrze zorganizowana szkoła i przedszkole na oddziale onkologii, hematologii i chemioterapii oraz uczestniczenie w zajęciach jest dla hospitalizowanego dziecka doskonałą formą mobilizacji nawet jeśli wydolność dziecka jest zmniejszona. Dziecku choremu na białaczkę należy stawiać wymagania i egzekwować wypełnianie obowiązków ucznia. Obniżenie poziomu szkolnego i pobłażanie pogłębia zaległości i może prowadzić do pogłębienia poczucia wyizolowania od normalnych zajęć i wzrostu poczucia beznadziejności. Każda forma aktywności na danym etapie leczenia jest bardzo pożądana, ponieważ stanowi ona przeciwstawienie się nudzie i monotonii szpitalnej. Zabawa dla chorego dziecka pełni funkcje terapeutyczne pomagając w odreagowaniu trudności przeżywanych w czasie leczenia. Bardzo ważną rolę w szpitalach odgrywają pedagodzy szpitalni, przedszkolanki lub terapeuci zabawowi. Od nich w dużej mierze zależy czy uda się dziecko wciągnąć do zabawy i aktywności. Wielką rolę spełniają także wolontariusze z różnego rodzaju fundacji. Rodzice mogą również aktywnie uczestniczyć w zabawie, chociaż zdarza się że wolą zajmować się sobą niż spędzić czas z dzieckiem.

Ważną rzeczą dla dzieci chorych jest reintegracja ze szkołą i grupą rówieśniczą. Większość dzieci chorych na białaczkę w okresie leczenia dziennego pobytu lub leczenia podtrzymującego remisję wymaga indywidualnego toku nauczania i dlatego ważne jest utrzymanie kontaktów z kolegami ze szkoły macierzystej przez cały okres hospitalizacji. Jest to bardzo pomocne kiedy dziecko wraca do szkoły po zakończonym leczeniu ponieważ zmniejsza to poczucie wyobcowania i inności. W czasie choroby i w domu dziecko jest chronione przed zarazkami, w szkole często spotyka się osoby przeziębione i chore dlatego budzi to wielki niepokój u rodziców. Życie w społeczeństwie jest niezbędne dla dziecka dlatego powrót do szkoły powinien być omówiony z lekarzem, psychologiem, pedagogiem szkolnym, jak również z wychowawcą klasy. Po zakończonym leczeniu ważne jest monitorowanie u dziecka chorego na białaczkę wszystkich sfer funkcjonowania zwłaszcza somatycznych mających wpływ na jego jakość życia, zdolność wykonywania codziennych czynności. Dziecko chore na białaczkę ma szansę wyrosnąć na szczęśliwego człowieka, gdy otacza je miłość, troskliwość i poczucie bezpieczeństwa. Wtedy też rozwija się w nim zaufanie do ludzi, radość życia, zdolność do kochania i twórczego życia oraz ufny i pozytywny stosunek do siebie i świata.

Istotną sprawą jest wsparcie emocjonalne i informacyjne jako formy oddziaływania pielęgniarki na stan psychiczny dziecka chorego na białaczkę. Można wymienić kilka czynników ułatwiających nawiązanie i podtrzymanie relacji, więzi terapeutycznej z dzieckiem. Do takich mogą należeć:

- Cechy osobowości:

-otwartość czyli akceptacja jego sposobu spostrzegania zjawisk i zdarzeń, przyjmowania uczuć, emocji,

- wrażliwość czyli szybkość i łatwość reagowania na zachowanie werbalne i niewerbalne dziecka.

-autentyczność czyli postępowanie zgodnie z tym co czuje się i myśli,

-wysoka świadomość emocjonalna czyli orientacja we własnych uczuciach i emocjach, posiadanie wiedzy na temat przyczyny odczuwania określonych emocji i wpływu na zachowanie.

- Umiejętności:

-umiejętność obserwacji czyli zbierania informacji o stanie psychicznym dziecka, celowym spostrzeganiu jego zachowania,

-okazywanie ciepła emocjonalnego poprzez zachowania werbalne i niewerbalne tzn. uśmiech, dotyk, spojrzenie,

-zdolność do empatii czyli zrozumienia u dziecka sytuacji emocjonalnej,

-dostarczenie wsparcia emocjonalnego i informatycznego czyli obniżanie napięcia, wzmacnianie jego wiary we własne możliwości radzenia sobie z trudną sytuacją,

-aktywne słuchanie polega na uważnym słuchaniu komunikatu, powtórzeniu sensu wypowiedzi (parafraza) i pokazaniu dziecku że rozumiemy co czuje (odzwierciedlenie),

-stosowanie komunikatu typu „ja" czyli informowanie dziecka o własnych uczuciach lub myślach jakie pojawiają się w związku z jego zachowaniem,

-wysyłanie sygnałów potwierdzających a więc budowanie w dziecku przekonania, że jest słuchane, akceptowane i otoczone troskliwą opieką.

Pobyt dziecka w szpitalu jest na pewno bardzo trudny i jest źródłem cierpienia fizycznego i psychicznego. Musi borykać się z wieloma wyzwaniami, czuje się na ogół bezradne i zagubione. Dziecko chore na białaczkę potrzebuje dlatego szczególnej uwagi i troski. Osobą, która ma największy i najczęstszy kontakt jest pielęgniarka. Ona to poprzez budowanie relacji na aktywnym słuchaniu, okazywaniu ciepła, troski i empatii oraz zaspakajaniu emocjonalnych i poznawczych potrzeb dziecka wspiera je w trudnych chwilach.

Rozwój hematologii jaki dokonał się na przełomie ostatnich lat zaowocował obniżeniem wskaźnika umieralności dzieci chorych na białaczkę. Nie jest to jednak powód do zaprzestania podnoszenia wiedzy i jakości opieki nad dzieckiem z chorobą nowotworową. Przeciwnie wręcz mobilizuje do poszukiwania jeszcze lepszych metod diagnostyki, leczenia, pielęgnacji i profilaktyki z wykorzystaniem dobrodziejstw współczesnej nauki.

Wyspecjalizowany zespół pracujący na oddziale hematologii, onkologii i chemioterapii jest niezbędnym elementem postępu w całej terapii u dziecka chorego na białaczkę. Rozpoznanie i leczenie białaczki u dziecka wywołuje silne reakcje emocjonalne zarówno u dziecka jak i rodziców. Jak wynika z przedstawionej pracy wszystkie negatywne objawy i emocje można zminimalizować, ujawniając objawy pozytywne pomagające w walce z chorobą. Właściwa opieka i edukacja od samego początku aż do zakończenia leczenia nad dzieckiem chorym na białaczkę na pewno zmniejszy ból i cierpienie dziecka. Pielęgniarka dzięki swoje wiedzy, odpowiednim postępowaniem i postawą może wzbudzić zaufanie i pozyskać pacjenta i rodzinę do współpracy w realizacji procesu pielęgnowania. Reasumując opieka pielęgniarska na oddziale onkologii, hematologii i chemioterapii powinna być opieką holistyczną, obejmującą wszystkie sfery życia dziecka: somatyczną, psychiczną, społeczną i duchową. Edukacja i opieka powinna mieć na względzie zarówno dziecko chore na białaczkę i rodziców, jak i powinna być sprawowana zespołowo ze względu na wieloaspektowy charakter.

Piśmiennictwo:

1. Dobrzańska A., Ryżko J.: Pediatria. Podręcznik do Państwowego Egzaminu Lekarskiego i egzaminu specjalizacyjnego. Wyd. URBAN & PARTNER, s. 609, s. 611, s. 612.
2. Jeziorski A..: Onkologia podręcznik dla pielęgniarek. Warszawa 2009; PZWL, s. 176.
3. Matecka M.: Wsparcie emocjonalne informacyjne jako formy oddziaływania pielęgniarki na stan psychiczny dziecka hospitalizowanego. Pielęgniarstwo Polskie 2004; (1/2): s. 22-28.
4. Ochocka M., Matysiak M.: Ostre białaczki u dzieci. Medipress Pediatr. 1996; 2 (6):20.
5. Panasiuk B.: Dziecko w szpitalu. Pielęg. Położ. 2006; 48 (7/8): s. 7-9.
6. Radwańska U.: Białaczki u dzieci. VOLUMED Sp. z o.o., Wrocław 1988; s. 67.
7. Trzęsowska Greszta E.: Psychologiczne problemy dziecka chorującego na białaczkę. Zdrowie psychiczne 1994; 35(1/2) s.147-154.